室内装潢技术与应用
案例解析

周民　刘浩　编著

清华大学出版社

北京

内 容 简 介

本书以理论做铺垫,以实操为主线,全面系统地讲解了AutoCAD 2022的基本操作方法与核心应用功能。书中用通俗易懂的语言、图文并茂的形式对AutoCAD室内绘图知识进行了全面细致的剖析。

全书共分为10章,遵循由浅入深,从基础知识到案例进阶的学习规律,对室内设计的知识储备、绘图前的准备工作、辅助绘图工具的使用、简单与复杂室内图形的绘制、室内图块的绘制、文本注释与表格的应用、图形尺寸标注的应用、室内图形的打印与输出等内容逐一进行了讲解,并结合3ds Max软件介绍室内效果图的制作流程,以帮助刚入门的学习者了解图纸设计的全过程。

本书结构合理,内容丰富,易学易懂,既有鲜明的基础性,也有很强的实用性,既可以作为高等院校相关专业学生的教学用书,又可以作为培训机构以及室内设计爱好者的参考书。

图书在版编目(CIP)数据

室内装潢技术与应用案例解析 / 周民,刘浩编著. 一北京:清华大学出版社,2024.1
ISBN 978-7-302-65245-8

Ⅰ.①室… Ⅱ.①周… ②刘… Ⅲ.①室内装饰设计-计算机辅助设计-AutoCAD软件
Ⅳ.①TU238.2-39

中国国家版本馆CIP数据核字(2024)第013164号

责任编辑:李玉茹
封面设计:杨玉兰
责任校对:翟维维
责任印制:丛怀宇

出版发行:清华大学出版社
　　网　　址:https://www.tup.com.cn,https://www.wqxuetang.com
　　地　　址:北京清华大学学研大厦A座　　　　　　邮　　编:100084
　　社 总 机:010-83470000　　　　　　　　　　　邮　　购:010-62786544
　　投稿与读者服务:010-62776969,c-service@tup.tsinghua.edu.cn
　　质 量 反 馈:010-62772015,zhiliang@tup.tsinghua.edu.cn
　　课 件 下 载:https://www.tup.com.cn,010-62791865
印 装 者:三河市君旺印务有限公司
经　　销:全国新华书店
开　　本:185mm×260mm　　　　印　　张:15.75　　　　字　　数:383千字
版　　次:2024年3月第1版　　　　　　　　　　　　　印　　次:2024年3月第1次印刷
定　　价:79.00元

产品编号:102136-01

前 言

对于室内设计行业的人来说，AutoCAD软件是再熟悉不过了。AutoCAD是一款高效率绘图软件，利用它可以精准地绘制出各种不同类型的设计图纸，可以说AutoCAD现已成为室内设计领域的必备软件。

AutoCAD软件除了在二维绘图方面展现出强大的功能性和优越性外，在软件协作性方面也体现出了优势。根据设计者的需求，可以将设计好的图纸文件调入3ds Max、SketchUp、UG、Photoshop等设计软件做进一步完善和加工。同时，也可将PDF、JPG等格式的文件导入AutoCAD软件进行编辑，从而节省了用户制图的时间，提高了设计效率。

随着软件版本的不断升级，目前AutoCAD软件技术已逐步向智能化、人性化、实用化的方向发展，旨在让设计师将更多的精力和时间用在创新上，从而设计出更完美的作品。

党的二十大精神贯穿"素养、知识、技能"三位一体的教学目标，从"爱国情怀、社会责任、法治思维、职业素养"等维度落实课程思政，提高学生的创新意识、合作意识和效率意识，培养学生精益求精的工匠精神，弧扬社会主义核心价值观。

本书内容概述

全书共分10章，各章节内容如下。

章节	内容导读	难点指数
第1章	主要介绍室内设计要素、分类、基本原则、室内布局调整、室内色彩搭配、室内设计流程以及室内设计常用软件等	★☆☆
第2章	主要介绍AutoCAD软件、绘图环境的设置、绘图前的基础设置等	★☆☆
第3章	主要介绍图形选择工具、视图缩放与平移工具、捕捉与追踪工具、图形测量工具以及图层管理工具的使用方法等	★★☆
第4章	主要介绍点、各类线段、矩形和多边形以及各类曲线图形的绘制方法等	★★☆
第5章	主要介绍图形的移动、复制、修改以及图案填充的使用方法等	★★★
第6章	主要介绍图块、图块属性、外部参照以及设计中心的应用等	★★★
第7章	主要介绍文本样式、文本的添加与编辑以及表格的创建与编辑等	★★☆
第8章	主要介绍尺寸标注的组成与规则、尺寸标注的设置与应用、编辑尺寸标注以及多重引线的创建与设置等	★★★
第9章	主要介绍图形的输入与输出、模型与布局空间以及图纸打印操作等	★★☆
第10章	主要介绍用3ds Max软件制作室内模型的操作方法，其中包括三维建模、材质与灯光的添加、室内场景的渲染等	★★★

本书采用**案例解析 + 理论讲解 + 课堂实战 + 课后练习 + 拓展赏析**的结构进行编写，内容由浅入深，循序渐进。让读者带着疑问去学习知识，并从实战应用中激发学习兴趣。

（1）专业性强，知识覆盖面广

本书主要围绕室内设计行业的相关知识点展开讲解，并对不同类型的案例制作过程进行解析，让读者了解并掌握该行业的一些设计原则与绘图要点。

（2）带着疑问学习，提升学习效率

本书首先对案例进行解析，然后再针对案例中用到的重点工具进行深入讲解。让读者带着问题去学习相关的理论知识，从而有效地提升学习效率。此外，本书所有的案例都经过精心的设计，读者可将这些案例应用到实际工作中。

（3）行业拓展，以更高的视角拓宽行业发展的视野

本书在每章结尾部分安排了"拓展赏析"板块，旨在让读者掌握了本章相关技能后，还可知悉行业中一些有意思的设计方案及设计技巧，从而开拓思维。

（4）多软件协同，呈现完美作品

一个优秀的设计方案，通常是由多个软件共同协作完成的，室内设计行业也不例外。因此本书添加了3ds Max软件协作章节，让读者在完成图纸的初步设计后，能够结合3ds Max软件制作出更精美的设计效果图。

本书读者对象

- 从事室内设计的工作人员
- 高等院校相关专业的师生
- 培训机构学习辅助设计的学员
- 对室内设计有浓厚兴趣的爱好者
- 想通过知识改变命运的有志青年
- 想掌握更多技能的办公室人员

本书由周民、刘浩编写，在编写过程中力求严谨细致，但由于时间与精力有限，疏漏之处在所难免，望广大读者批评指正。

编　者

室内设计视频A　　室内设计视频B　　室内设计视频C　　索取课件与教案

目 录

第1章 室内设计的知识储备

第2章 绘图前的准备工作

第**3**章 辅助绘图工具的使用

第4章 简单室内图形的绘制

室内装潢

第5章 复杂室内图形的绘制

第6章 室内图块的绘制

室内装潢

第7章 文字注释与表格的应用

第**8**章 图形尺寸标注的应用

第9章 室内图形的打印与输出

室内装潢

第**10**章 室内效果图的制作

室内装潢

第 **1** 章

室内设计的知识储备

内容导读

　　本章将介绍室内设计学科的一些基础知识，包括室内设计的原则、室内设计布局及色彩搭配、室内设计常用软件等。通过对本章内容的学习，读者可以了解室内设计行业的相关知识，为进入室内设计行业做好准备。

思维导图

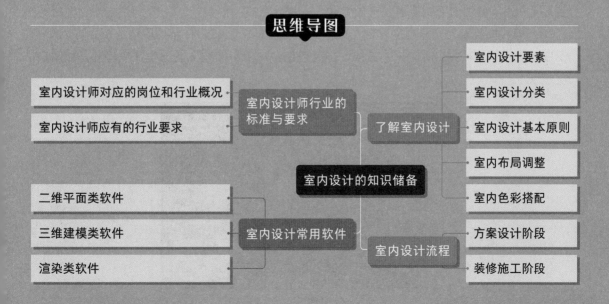

1.1 了解室内设计

室内设计是指为满足一定的装饰装修目的而对现有的建筑内部空间进行合理的布局设计，为使用该空间的人提供更健康、更舒适的室内环境。

1.1.1 室内设计要素

一个优秀的设计作品，在功能上应当是适用的，在视觉上应当是具有美感的，所以设计师在考虑设计方案时，应注意以下几点设计要素。

（1）空间要素。空间布局合理化是对每一位设计师最基本的要求。要勇于探索时代、技术赋予空间的新形象，不要拘泥于过去形成的空间形象。

（2）色彩要素。室内色彩除了可以对视觉环境产生影响外，还会直接影响人们的情绪、心理。科学地用色有利于工作，有助于健康。色彩处理得当既能符合功能要求又能取得美的视觉效果，如图1-1所示。

图 1-1

（3）光影要素。人类常常把阳光直接引入室内，以消除室内的黑暗感和封闭感，特别是顶光和柔和的散射光，能够使室内空间显得更为亲切、自然。

（4）装饰要素。充分利用室内空间中建筑构件不同于装饰材料的质地特征，可以获得千变万化和不同风格的室内艺术效果，同时还能体现出不同地区的历史文化特征，如图1-2所示。

图 1-2

（5）陈设要素。室内家具、地毯、窗帘等均为生活必需品，其造型往往具有陈设特征，大多数起着装饰作用。实用性和装饰性二者应互相协调，力求功能和形式上统一而有变化，使室内空间舒适得体，富有个性，如图1-3所示。

图 1-3

（6）绿化要素。室内绿化已成为改善室内环境的重要手段。巧妙地利用各种绿植、盆栽可以很好地与室外环境相呼应，对扩大室内的空间感起着积极的作用，如图1-4所示。

图 1-4

1.1.2 室内设计分类

室内设计按照行业种类来分，可分为两大类，分别是居住空间设计与公共空间设计。下面将分别对其进行简单介绍。

1. 居住空间设计

所谓的居住空间，通常指的是人们居住的住宅、公寓和宿舍等室内空间。其设计范围包括玄关、客厅、餐厅、书房、卧室、厨房、卫生间以及阳台等。

2. 公共空间设计

（1）文教建筑空间。主要涉及幼儿园、学校、图书馆、科研楼等室内空间，具体设计范围包括门厅、过厅、中庭、教室、活动室、阅览室、实验室、机房等。

（2）医疗建筑空间设计。主要涉及医院、社区诊所、疗养院等室内空间，具体设计范围包括门诊室、检查室、手术室和病房等，如图1-5所示。

图 1-5

（3）办公建筑室内设计。主要涉及行政办公楼和商业办公楼的室内空间，具体设计范围包括办公楼大堂、办公室、会议厅、阅览室、洗手间等。

（4）商业建筑室内设计。主要涉及商场、便利店、餐饮建筑的室内空间，具体设计范围包括营业厅、专卖店、酒吧、茶室、餐厅等。

（5）展览建筑室内设计。主要涉及各种美术馆、展览馆和博物馆等室内空间，具体设计范围包括展厅和展廊等。

（6）娱乐建筑室内设计。主要涉及电影院、游乐场等室内空间，具体设计范围包括舞厅、歌厅、KTV、游艺厅等。

（7）体育建筑室内设计。主要涉及各种类型的体育馆、游泳馆的室内空间，具体设计范围包括用于不同体育项目的比赛和训练的场馆及配套的辅助用房等。

（8）交通建筑室内设计。主要涉及公路、铁路、水路、民航的车站、候机楼、码头建筑的室内空间，具体设计范围包括候机厅、候车室、候船厅、售票厅等，如图1-6所示。

图 1-6

1.1.3　室内设计基本原则

室内设计是在以人为本的前提下，为人们提供不同类型的，固定的、半固定的和可变动的室内空间环境。设计师在设计方案时，还需要遵循以下几项设计原则。

（1）功能性原则。在室内空间中，不同区域空间的作用是不同的，当然使用的功能也就不一样。设计者要深入理解各个空间的使用功能，并尽力做到满足这些空间的功能使用要求。

（2）安全性原则。起居、交往、工作、学习等大都需要在室内空间中进行，所以在设计室内空间时，要考虑它的安全性。我们做的设计不单纯是艺术，一切的室内空间设计都是以人为本。

（3）可行性原则。室内空间设计要有它的可行性。千万不要为了艺术效果，把一个室内空间搞成像一个艺术展览，丧失了可行性。

（4）经济性原则。在设计室内空间时，还要考虑业主的消费能力，只有你的设计方案在他的消费能力之内，那你的设计才能真正地实现。设计的每个物品都要有它的实用性。

（5）艺术审美性原则。室内环境营造的目标之一，就是根据人们对居住、工作、学习、交往、休闲、娱乐等行为和生活方式的要求，不仅在物质层面上满足人们对实用性及舒适程度的要求，同时还要最大程度地与视觉审美方面的要求相结合，这就是室内设计的艺术审美性要求。

1.1.4　室内布局调整

平面布局是否合理，这一点非常重要。不合理的布局，不但不能产生美感，而且还会给用户带来很多不必要的麻烦。那么如何做出合理的室内布局呢？下面介绍一些布局的设计要点。

1. 满足需求

合理的布局，是整个设计方案的核心。设计师在设计时，要考虑到用户的需求。将用户的想法与实际相结合，并赋予人性化的设计，这是首先要考虑的事。

2. 满足人体动作特征与空间尺度范围

在进行空间布局时，应对具体的动态特征及所需空间范围进行分析。要以人体工程学的测定数据，作为室内空间布局的主要依据，如图1-7所示。

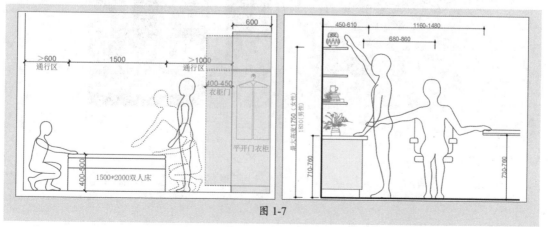

图 1-7

3. 室内活动路线合理化

室内活动路线能够起到划分空间区域的作用，合理的流动路线，可以提高工作、生活效率，是空间布局主要考虑的内容。

4. 合理利用室内空间

充分合理地利用室内的每个空间，减少浪费。各个空间都要以满足人体需要为出发点，方便人的各类活动，减轻疲劳。

5. 家具选择需注意

家具的选择与组合，取决于室内群体活动的需要以及空间条件。选择合适风格的家具，对空间布局起着关键的作用。

1.1.5 室内色彩搭配

色彩是设计中最具表现力和感染力的因素，可以通过人们的视觉感受产生一系列的生理、心理和类似物理的效应，形成丰富的联想、深刻的寓意和象征。室内色彩具有美学和实用双重标准，下面将介绍一些室内色彩配搭技巧。

1. 室内色彩的分类

室内色彩按照主次关系，可分为背景色、主体色、配角色、点缀色四种，下面分别进行介绍。

（1）背景色

背景色是指室内大面积使用的颜色，例如地面、墙面、天花板等，它决定了整个空间的基本色调。图1-8所示为深圳一所机车俱乐部，其室内基本色调以灰色为主。

图 1-8

（2）主体色

主体色主要是指由一些大型家具和室内陈设所形成的颜色。在室内配色中占有一定的分量，例如沙发、衣柜或大型雕塑装饰等。如果要形成对比效果，应选用背景色的对比色或互补色作为主体色；如果要达到协调效果，应选用同背景色色调相近的颜色作为主体色。图1-9所示为机车俱乐部咖啡区实景效果，可以看出该俱乐部的主体色为银灰色，与灰色调的背景相呼应。

图 1-9

（3）配角色

配角色的存在是为了更好地映衬主体色，使空间显得更为生动、鲜明。这两种色调搭配在一起，构成空间的基本色。配角色若与主体色为互补色，会使主体色更为鲜明、突出。图1-10所示为机车俱乐部过道及楼梯实景效果，可以看出选用的配角色是黑色，黑色与银灰色混搭在一起，显得更为高级、大气。

图 1-10

（4）点缀色

点缀色是指室内小型的易于变化的物体色，可以打破单调的环境氛围，如灯具、织物、艺术品或其他软装饰的颜色。点缀色常选用与背景色形成对比的颜色，如运用得当可以达到画龙点睛的效果。图1-11所示为机车俱乐部独立办公室实景效果，可以看出橙色的沙发在这暗调的空间中显得格外醒目。

图 1-11

2. 室内色彩的配搭技巧

从宏观上说，色彩可分为无色彩和有色彩两个系列。无色彩系列指的是黑、白、灰这三种色调；而有色彩系列指的就是常说的红、橙、黄、绿、青、蓝、紫这7种色调。在实际应用中，无非就是这两种系列色彩搭配着使用。

（1）黑+白+灰

黑、白、灰这三种颜色搭配在一起，往往比那些丰富多彩的颜色更具有感染力，如图1-12所示。

图 1-12

（2）黑白灰+单彩色/多彩色

黑、白、灰是一种很知性的颜色，可用于调和色彩的搭配或凸显其他颜色。如果空间中的色彩比较多，那么黑白灰可起到调和的作用，使本来杂乱的色彩形成一个整体。可以说黑白灰是经典百搭款，与任何一种色彩搭配，都会很出彩，如图1-13所示。

图 1-13

（3）棕色

米色、棕色、咖色均为中性色，能给人温暖、舒适的感觉，如图1-14所示。目前比较流行的奶油风、原木风就是以这类色系为主的，比较适用于家庭空间。

图 1-14

1.2 室内设计流程

在对某室内空间进行设计时，需经过两个阶段：方案设计阶段和装修施工阶段。下面将对这两个阶段的大致流程进行介绍。

1.2.1 方案设计阶段

设计师在接到设计任务后，通常要经历以下3个阶段。

1. 设计准备阶段

首先明确设计任务和客户要求，例如使用性质、功能特点、设计规模、等级标准、总造价，以及根据任务的使用性质所需创造的室内环境氛围、文化内涵或艺术风格等；其次熟悉设计有关规范和定额标准，收集必要的资料和信息，例如收集原始户型图纸，并对户型进行现场尺寸勘测；再次绘制简单设计草图，并与客户交流设计理念，例如明确设计风格、各空间的布局及其使用功能等；最后沟通完成后，签订装修合同，明确设计期限并制定设计进度安排，考虑各有关工种的配合与协调。

2. 设计方案阶段

准备工作基本完成后，接下来就要进入方案设计阶段了。设计师应在现有的资料和信息的基础上进一步收集、分析、运用与设计任务有关的资料与信息，构思立意，进行初步方案设计，深入设计方案的分析与比较；确定初步设计方案，并出具设计图纸。设计图通常包括以下几项。

（1）平面布置图：图纸比例通常为1∶50或1∶100。在平面布置图中需表达出当前户型各空间的布局情况、家具陈设、人员通道等，如图1-15所示。

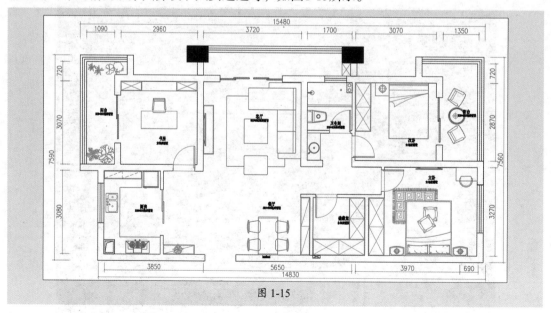

图 1-15

（2）顶棚布置图：图纸比例为1∶50或1∶100。在顶棚布置图中需要表达出各空间顶面造型结构、顶面标高及灯具摆放位置，如图1-16所示。

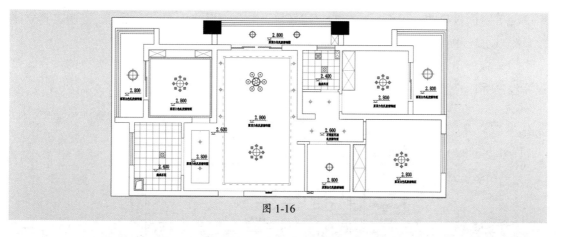

图 1-16

（3）立面图：图纸比例为1：20或1：50。在立面图中需根据平面图的布局以及顶棚图的吊顶造型来绘制其立面效果。一般来说只绘制有装饰造型的墙面，如图1-17所示。

（4）结构详图：根据所设计的装饰墙或家具绘制出结构图，其中包括安装工艺说明、材料说明等，让施工人员按照该结构图能够进行施工，如图1-18所示。

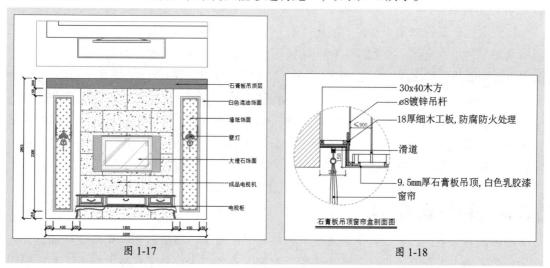

图 1-17

图 1-18

（5）水、电布置图：水路布置图需表达出冷、热水管的走向。电路图需表达出各空间电线、插座、开关的走向。图1-19所示为开关布置图。

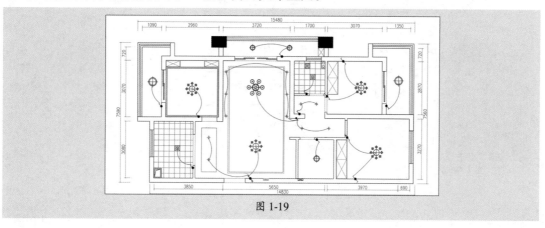

图 1-19

（6）室内效果图：根据所设计的空间环境，并参照其平面图、立面图，绘制出其立体效果图。通常每个空间至少要绘制一张效果图。

（7）施工预算：当一整套施工图纸绘制完成后，则需对整个工程做出大概的预算，该预算包含所有的材料费以及人工费，如图1-20所示。

图 1-20

3. 设计方案实施

该阶段也是工程的施工阶段。室内工程在施工前，设计师应向施工单位进行设计意图说明及图纸的技术交底；工程施工期间需按图纸要求核对施工实况，有时还需根据现场实况提出对图纸的局部修改或补充；施工结束时，会同质检部门和建设单位进行工程验收。

为了使设计取得预期效果，设计师必须抓好设计各阶段的环节，充分重视设计、施工、材料、设备等各个方面，并重视与原建筑物的建筑设计、设施设计的衔接，同时还须协调好与建设单位和施工单位之间的相互关系，在设计意图和构思方面取得沟通与共识，以期取得理想的设计工程成果。

1.2.2 装修施工阶段

项目设计方案通过后，接下来就进入装修施工阶段了。该阶段主要是将设计师的设想变为现实。施工人员会以设计图纸为依据，根据工程项目内容和工艺技术特点，并在规定的期限内完成施工。施工阶段的大致流程如图1-21所示。

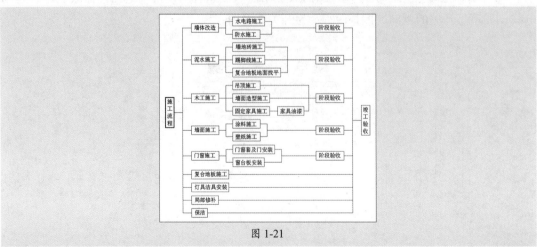

图 1-21

1.3 室内设计常用软件

要想成为一名合格的室内设计师,除了要具备专业的设计知识外,还需要有过硬的绘图技能,这样才能将自己的创意设想转变为现实。那么,对于室内设计师来说,必备的绘图软件有哪些呢?本节将对这些软件进行简单介绍。

1.3.1 二维平面类软件

室内设计师常用的二维平面软件主要有两种,分别是AutoCAD软件和Photoshop软件。其中,AutoCAD软件是室内设计行业入门必学软件,是绘制设计图纸的核心软件。图1-22所示为AutoCAD软件启动界面。

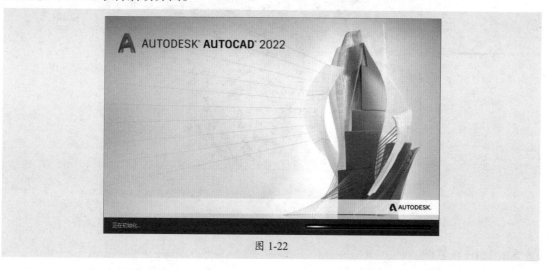

图 1-22

Photoshop(简称PS)软件是由Adobe公司开发和发行的图像处理软件,主要处理由像素组成的数字图像。该软件有非常强大的图像处理功能,在图像、图形、文字、视频、出版等各方面都有涉及。在室内设计行业,Photoshop软件常被用于彩色户型图制作、室内效果图后期处理等。图1-23所示为Photoshop软件启动界面。

图 1-23

1.3.2 三维建模类软件

在设计方案阶段，除了利用AutoCAD软件来绘制各种设计图纸外，还需为每一个室内空间出具至少一张效果图，而这张效果图就需使用三维建模软件来制作，如3ds Max软件。

1. 3ds Max 软件

利用3ds Max（简称3D）软件可以创建出具有精确结构与尺度的仿真模型，一旦模型制作完成，就可以在建筑物的外部与内部以任意视点与角度进行观察，结合现实的环境场景输出更为真实的效果图。图1-24所示为3ds Max软件操作界面。

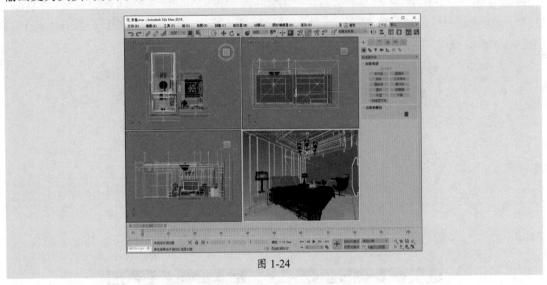

图 1-24

2. SketchUp 软件

除了3ds Max软件外，用户还可使用SketchUp（简称SU）软件进行建模，它是一款直观、灵活、易于使用的三维设计软件，被誉为电脑设计中的"铅笔""草图大师"，常被应用于建筑设计、园林景观设计行业。而在室内设计行业，该软件可以实现快速建模、快速布置室内效果，并可以从不同角度观看三维空间效果。在与客户交流时，还可实现边修改边展示设计效果。从这方面来说，SketchUp软件要比3ds Max软件实用得多。图1-25所示为SketchUp软件的操作界面。

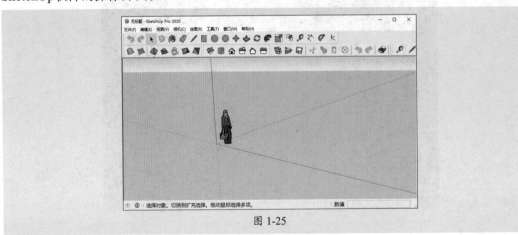

图 1-25

3. 酷家乐

随着科技的不断进步，现如今很多室内设计师会通过各类在线3D设计平台来制作效果图，如酷家乐。图1-26所示为该软件的操作界面。

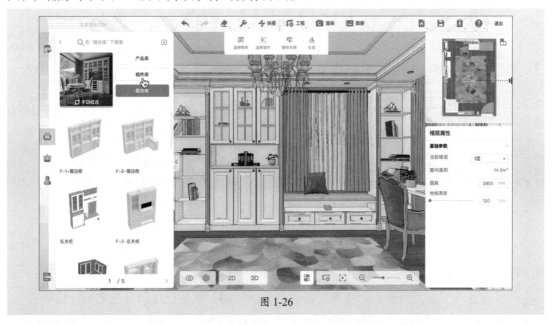

图1-26

酷家乐平台致力于云渲染、云设计、BIM、VR、AR、AI等技术的研发，实现了"所见即所得"的全景VR设计装修新模式。利用它可以在5分钟内生成设计方案，10秒生成效果图，一键生成VR方案。该平台提供了海量素材库，在一定程度上节省了设计师绘图的时间，提高了设计效率。

1.3.3 渲染类软件

三维模型创建完毕后，需使用渲染软件渲染才能看到最终的效果。目前，市面上开发出来的渲染软件有很多，首屈一指的就属V-Ray渲染软件。V-Ray是一款提供了先进渲染技术的渲染软件，被业内设计师视为行业标杆。它以多功能性而著称，可支持3ds Max、Maya、SketchUp、Rhino等多种建模软件。图1-27所示为使用V-Ray渲染软件渲染的室内效果图。

图1-27

V-Ray渲染软件是模拟真实光照的一个全局光渲染器,无论是静止画面还是动态画面,其真实性和可操作性都让用户为之惊讶。它具有对照明的仿真,可帮助制作者完成犹如照片般的图像;它可以表现出高级的光线追踪,可表现出表面光线的散射效果,动作的模糊化。V-Ray为不同领域的优秀的3D建模软件提供了高质量的效果图与动画渲染。

1.4 室内设计师行业的标准与要求

由于行业不同,因此行业标准和从业要求也各不相同。在室内设计行业,要想成为一名合格的设计师,就必须要了解室内设计师应满足的一些行业要求。

1.4.1 室内设计师对应的岗位和行业概况

室内设计行业可从事的岗位有很多,简单介绍如下。

- 按项目性质分,可分为住宅设计师和公共空间设计师。
- 按职责分工分,可分为方案设计师、施工图设计师、效果图设计师、驻场设计师和助理设计师。
- 按行业种类分,可分为全装设计师、硬装设计师、软装设计师以及定制设计师。

无论哪一类设计师,其岗位职责及任职要求都基本相似。

(1)岗位职责

- 能够独立完成设计方案并促成项目合同的签订。
- 负责图纸深化,包括设计方案的修订、确认,图纸扩初,施工节点、大样图以及相应专业图纸的完善。
- 协调客户、施工、材料各方面的关系,保证设计方案能正确执行。
- 熟悉行业施工工艺流程及室内设计规范并对施工现场进行指导。
- 统一协调完成谈单、量房、出方案、签单等专业性工作,确定项目设计计划及设计任务书。

(2)任职要求

- 室内设计、艺术设计等相关专业毕业。
- 有相关设计经验,熟悉各种装修设计风格及室内装修工艺技术。
- 熟练使用AutoCAD、3ds Max、Photoshop等相关设计绘图软件。
- 具备良好的沟通能力和施工管理能力。

1.4.2 室内设计师应有的行业要求

1. 要有较强的表现力

无论是手绘还是电脑绘图,针对这两种技法设计师一定要有一种运用得非常熟练,否则你的专业能力就会遭到质疑。

2. 要有深厚的文化素养

室内设计涉及大量的实用功能、物质技术、投资决策、心理活动、社会文化等方面的知识和理论，设计师如果不具备丰富的阅历和广博的知识，就无法解决设计中出现的各种问题，难以创造出高水平的作品。

3. 要有敏锐的洞察力

对时尚的敏锐程度和可预见性是设计师自我培养的一种基本能力。设计师要担负起引导时尚的责任，而不是做时尚的搬运工。

4. 时刻把握材料市场的新动向

市场的发展、科技的进步使新产品、新材料不断涌现。需要及时把握材料的特性、探索其实际用途可以拓宽设计的思路，紧跟时代步伐，在市场中占据先机。

5. 出众的艺术审美力

设计师要善于观察、捕捉生活中美的现象和美的形式，培养出众的艺术审美能力。这对于做好室内设计工作十分重要，需要持之以恒地朝着这一方向努力，坚持数年，必有成效。

6. 要形成自己的风格

作为设计师，创新是非常重要的，在设计中要提高警惕，不要丢掉个性，要凭独创打开局面。对个性化的要求是设计师毕生的追求，要不断地在工作中磨炼，形成自己独特的符合室内设计规律的风格。

7. 要有良好的职业道德

设计师是一个报酬高、竞争性强的职业，既要有独立的个性，又要有良好的团队合作精神，还要有承受压力、挑战自我的顽强精神。设计师要秉承"先做人，后做事"的原则，踏实工作，乐于奉献，在长期的业务磨炼中创作精湛的作品或方案，充实自己的设计生涯。

学 习 心 得

课堂实战 安装AutoCAD 2022软件

AutoCAD是室内设计师人手必备的软件，在学习该软件之前，先要进行软件的安装。下面将以安装AutoCAD 2022版本为例，来介绍具体的安装操作。

步骤 01 AutoCAD 2022安装包在安装之前需要先解压，双击应用程序图标，会打开"解压到"对话框，选择解压目标文件夹，如图1-28所示。

步骤 02 设置完毕单击"确定"按钮，即可开始解压，如图1-29所示。

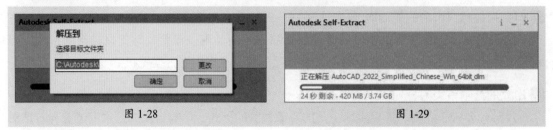

图 1-28   图 1-29

步骤 03 解压完毕后会自动开始进行安装准备，如图1-30所示。

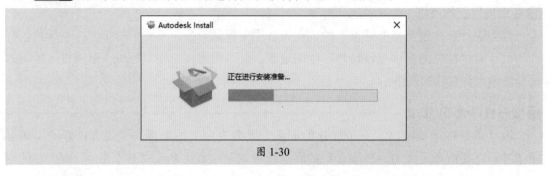

图 1-30

步骤 04 进入"法律协议"界面，选中"我同意使用条款"复选框，再单击"下一步"按钮，如图1-31所示。

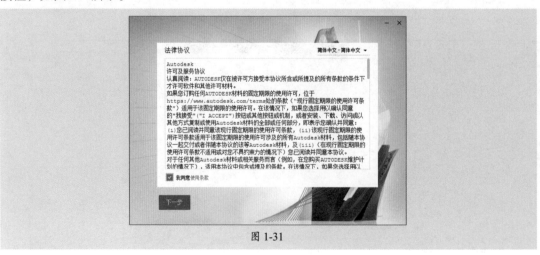

图 1-31

步骤 05 单击"下一步"按钮，进入"选择安装位置"界面，根据需要指定安装路径（一般保持默认），如图1-32所示。

步骤 06 单击"下一步"按钮,进入"选择其他组件"界面,这里可以选择是否安装其他组件,如图1-33所示。

图 1-32   图 1-33

步骤 07 单击"安装"按钮即可开始安装程序,并显示安装进度,如图1-34所示。

步骤 08 程序安装完毕后,界面中会提示"AutoCAD 2022安装完成"信息,并弹出提示框"请重新启动计算机以完成安装",单击"重启启动"按钮即可,如图1-35所示。

图 1-34

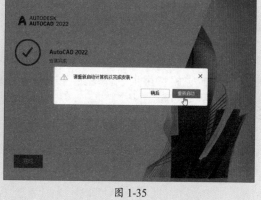

图 1-35

步骤 09 计算机重启后,双击AutoCAD 2022软件图标即可启动该软件,如图1-36所示。

图 1-36

课后练习 初步了解室内设计的制图规范

作为一名合格的室内设计师，掌握一定的制图知识是必要的。因为只有通过规范的制图，才能最大限度地将自己的设计理念完整表达出来。

1. 基本要求

所有设计图纸都要配备封面、图纸说明、图纸目录。在图纸封面需注明工程名称、图纸类别（施工图、竣工图、方案图）、制图日期；而图纸说明需对工程做进一步说明，例如项目概况、项目名称、建设单位、施工单位、设计单位或建筑设计单位等。每张图纸都需编制图名、图号、比例和时间。

2. 常用制图方式

（1）图幅与格式

图幅指的是图纸宽度与长度组成的图面。绘制技术图样时应优先采用A0、A1、A2、A3、A4五种幅面尺寸，如表1-1所示。

表1-1

幅面代号	A0	A1	A2	A3	A4
尺寸（mm）	841×1189	594×841	420×594	297×420	210×297

A1是A0的一半（以长边对折裁开），A2是A1的一半，其余依次类推。绘图时，图纸可以横放或竖放。每张工程图纸目录以及修改通知单均采用A4图幅，其余应尽量采用A1图幅。每项工程图幅应统一。

（2）线型

工程图纸主要是用明确的线型来描绘物体的形态轮廓，每种线型所表达的含义是不一样的。表1-2所示为常用线型的用途。

表1-2

线型	尺寸/mm	主要用途
粗实线	0.3	平、剖面图中被剖切的主要建筑构造的轮廓线。 室内外立面图的轮廓线。 建筑装饰构造详图的建筑表面线
中实线	0.15~0.18	平、剖面图中被剖切的次要建筑构造的轮廓线。 室内外平、顶、立、剖面图中建筑构配件的轮廓线。 建筑装饰构造详图及剖面详图中一般的轮廓线
细实线	0.1	填充线、尺寸线、尺寸界线、索引符号、标高符号、分割线
虚线	0.1~0.13	室内平、顶面图中未剖切到的主要轮廓线。 建筑构造及建筑装饰构配件不可见的轮廓线。 拟扩建的建筑轮廓线。 外开门立面图开门表示方式

线型	尺寸/mm	主要用途
点划线	0.1~0.13	中轴线、对称线、定位轴线
折断线	0.1~0.13	不需画全的断开界线

（3）字体

在绘制设计图时，除了要选用各种线型来绘制物体外，还要用最直观的文字把它表达出来，表明其位置、大小以及说明施工技术要求。文字与数字，包括各种符号的注写是工程图的重要组成部分。

- 文字的高度，选用3.5mm、5mm、7mm、10mm、14mm、20mm。
- 图样及说明中的汉字，宜采用长仿宋体，并采用国家正式公布的简化字。
- 汉字的字高，应不小于3.5mm，手写汉字的字高一般不小于5mm。
- 字母和数字的字高不应小于2.5mm。与汉字并列书写时其字高可小一至二号。
- 拉丁字母中的I、O、Z，为了避免同图纸上的1、0和2相混淆，不得用于轴线编号。
- 分数、百分数和比例数的注写，应采用阿拉伯数字和数字符号，例如，四分之一、百分之二十五和一比二十应分别写成1/4、25%和1：20。

（4）标高符号

标高符号为等腰直角三角形。数字以m（米）为单位，小数点后保留三位；零点标高应写成±0.000，正数标高不标注"+"，负数标高应标注"-"，如图1-37所示。

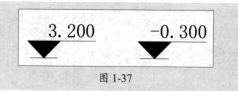

图 1-37

（5）立面索引符号

为表示室内立面在平面上的位置，应在平面图中用内视符号注明视点位置、方向及立面的编号。立面索引符号由直径为8~12mm的圆构成，以细实线绘制，并以扇形为投影方向共同组成。圆内直线以细实线绘制，在立面索引符号的上半圆内用字母标识，下半圆标识图纸所在位置，如图1-38所示。

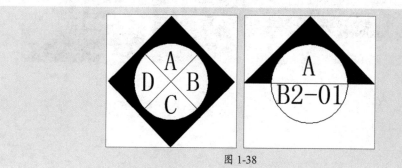

图 1-38

中国第一色彩·中国红

"如果奇迹有颜色,那一定是中国红!"由此可见中国红在国人心目中的地位,早已远远超越了颜色的基础概念。从朱门红墙到红木箱柜;从孩子贴身肚兜到以中国红为主题的婚礼;从添丁进口时门楣上挂的红布条到孩子满月时做的"满月圆";从过年过节悬挂的灯笼到家家户户张贴的春联福字和窗花;从"压肚腰"的压岁红包到除旧迎新的爆竹……经过世代传承、沉淀、深化和扬弃,中国红已深深嵌入每个中华儿女的灵魂。

无疑,在家居市场中,中国红家居也同样很受宠,如图1-39所示。

图 1-39

第2章

绘图前的准备工作

内容导读

在开始学习AutoCAD软件操作之前，需要先熟悉一下该软件的主要用途、主要操作界面以及在绘制前的一些准备工作。例如，文件的管理、命令的调用、绘图单位的设置等。本章将针对这些准备工作进行介绍，从而为后续操作奠定基础。

思维导图

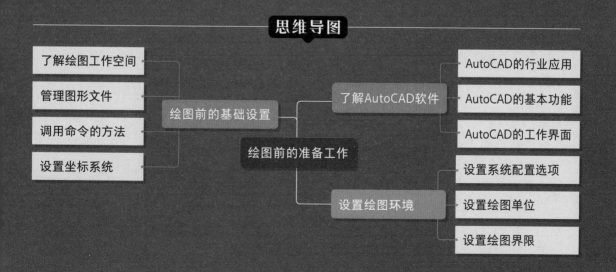

2.1 了解AutoCAD软件

使用AutoCAD软件不仅能够将设计方案用规范的图纸完美地表达出来，而且能够有效地帮助设计人员提高制图效率。对于从事室内设计工作的人来说，熟练掌握AutoCAD绘图软件是行业入门的重要条件。

2.1.1 AutoCAD的行业应用

AutoCAD具有易于掌握、使用方便、体系结构开放等优点，能够轻松地绘制出精准的二维图形及三维图形。随着科学技术的发展，AutoCAD软件已经被广泛用于各行各业，如室内设计、机械设计、建筑设计、服装设计等。

1. 室内设计领域

在室内设计行业，利用AutoCAD软件可以快速准确地绘制出各种室内平面图、墙体立面图、剖面图及各种施工大样图，如图2-1所示。此外，还可以创建一些简单的三维模型。

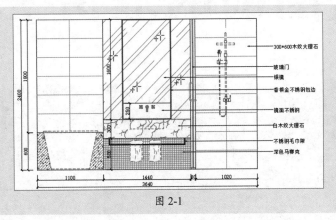

图 2-1

2. 机械设计领域

AutoCAD软件在机械设计中的应用主要集中在零件与装配图的实体生成等方面，如图2-2所示。它彻底更新了设计手段和设计方法，摆脱了传统设计模式的束缚，引进了现代设计观念，促进了机械制造业的高速发展。

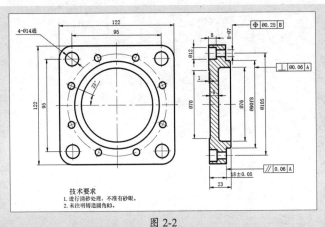

图 2-2

3. 建筑设计领域

AutoCAD也是建筑设计领域的核心制图软件，建筑设计师可以通过该软件精确地绘制出所需的建筑设计图及施工图。这样不但可以提高设计质量，缩短工程周期，还可以节约建筑投资，如图2-3所示。

图 2-3

4. 服装设计领域

在服装设计领域，AutoCAD软件可用来进行服装款式图的绘制、对基础样板进行放码、对完成的衣片进行排料、对完成的排料方案直接通过服装裁剪系统进行裁剪等，如图2-4所示。

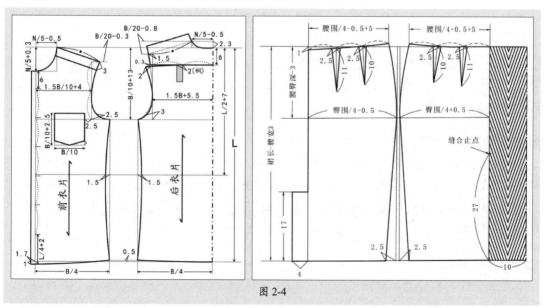

图 2-4

2.1.2 AutoCAD的基本功能

在了解了AutoCAD软件的行业应用后，下面将介绍AutoCAD软件的基本功能，例如图形的创建与编辑、图形的标注、图形的显示以及图形的打印等。

1. 图形的创建与编辑

在AutoCAD的"绘图"菜单或"默认"功能面板中包含各种制作二维和三维图形的绘图工具，使用这些工具可以绘制直线、多段线和圆等基本的二维图形，也可以将绘制的图形转换为面域，对其进行填充。

对于一些二维图形，通过拉伸设置标高和厚度等操作就可以轻松地转换为三维图形，或者使用基本实体或曲面功能，快速创建圆柱体、球体和长方体等基本实体，以及三维网格、旋转网格等曲面模型，而使用编辑工具则可以快速创建出各种各样复杂的三维图形。

此外，为了方便查看图形的结构特征，还可以绘制轴测图以二维绘图技术来模拟三维对象。轴测图实际上是二维图形，只需要将软件切换到轴测模式后，即可绘制出轴测图。此时，利用直线可绘制出30°、90°、150°等角度的斜线，圆轮廓线将绘制为椭圆形。

2. 图形的标注

图形标注是制图过程中一个较为重要的环节。AutoCAD的"标注"菜单和"注释"功能面板中包含一套完整的尺寸标注和尺寸编辑工具。使用它们可以在图形的各个方向创建各种类型的标注，也可以方便快捷地以一定格式创建符合行业或项目标准的标注。

AutoCAD的标注功能不仅提供了线性、半径和角度3种基本的标注类型，还提供了引线标注、公差标注及粗糙度标注等。而标注的对象可以是二维图形，也可以是三维图形。

3. 渲染和观察三维视图

在AutoCAD中，可以运用雾化、光源和材质，将模型渲染成具有真实感的图像。如果是为了演示，可以渲染全部对象；如果时间有限或者显示设备和图形设备不能提供足够的灰度等级和颜色，就不必精细渲染；如果只需快速查看设计的整体效果，则可以简单消隐或者设置视觉样式。

此外，为了查看三维图形各方面的显示效果，可在三维操作环境中使用动态观察器观察模型，也可以设置漫游和飞行方式观察图形，甚至可以录制运动动画和设置观察相机，更方便地查看模型结构。

4. 图形的输出与打印

AutoCAD不仅允许将所绘制的图形以不同样式通过绘图仪或打印机输出，还能够将不同格式的图形导入AutoCAD，或者将AutoCAD图形以其他格式输出，因此当图形绘制完成后可以使用多种方法将其输出。例如，可以将图形打印在图纸上，或者创建成文件以供其他应用程序使用。

5. 图形显示控制

AutoCAD可以任意调整图形的显示比例，以便于观察图形的整体或局部，并可以上、下、左、右移动图形来进行观察。该软件为用户提供了6个标准视图和4个轴侧视图，可以利用视点工具设置任意的视角，还可以利用三维动态观察器设置任意视角效果。

6. Internet 功能

利用AutoCAD强大的Internet功能，可以在网络上发布、访问和存取图形，为用户之间相互共享资源和信息，同步进行设计、讨论、演示，获得外界消息等提供了极大的帮助。

电子传递功能可以把AutoCAD图形及相关文件进行打包或制成可执行文件，然后将其以单个数据包的形式传递给客户和工作组成员。

AutoCAD的超级链接功能可以将图形对象与其他对象建立链接关系。此外，AutoCAD还提供了一种既安全又适合在网上发布的DWF文件格式，用户可以使用Autodesk DWF Viewer来查看或打印DWF文件的图形集，也可以查看DWF文件中包含的图层、图纸和图纸集特性、块信息和属性，以及自定义特性等信息。

2.1.3　AutoCAD的工作界面

启动AutoCAD 2022软件后，将会进入AutoCAD默认的"草图与注释"工作空间的界面，如图2-5所示。

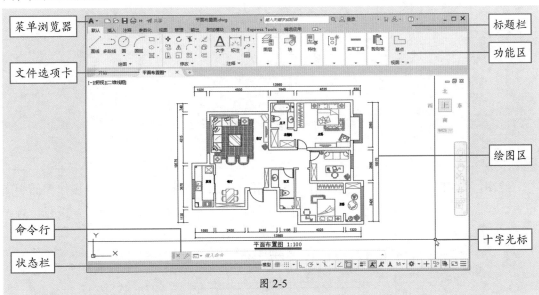

图 2-5

1. 菜单浏览器

菜单浏览器 位于工作界面的左上方，单击该按钮可弹出文件菜单列表。在此用户可进行新建、打开、保存、另存为、输出、发布、打印等操作。选择所需命令，便会执行相应的操作。

2. 标题栏

标题栏位于工作界面的最上方，由菜单浏览器、快速访问工具栏、当前文件标题及搜索、登录、窗口控制等按钮组成。将鼠标指针移至标题栏上，右击鼠标或按Alt+空格键，将弹出窗口控制菜单，从中可执行窗口的还原、移动、最小化、最大化、关闭等操作。

3. 功能区

功能区包含功能选项卡、功能选项组以及功能按钮。功能按钮是代替命令的简便工具，利用它们可以完成绘图过程中的大部分工作，用户只需单击所需的功能按钮就可以启动相关命令，如图2-6所示。

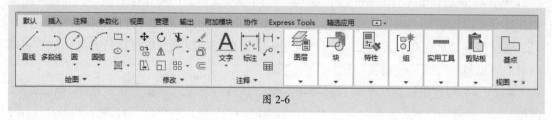

图 2-6

4. 文件选项卡

文件选项卡位于功能区下方，默认新建选项卡的名称以Drawing开头。单击"新图形"按钮 ⊞，可快速创建一个空白文件。右击该标签，在弹出的快捷菜单中可以选择新建、打开、保存、关闭等命令，如图2-7所示。

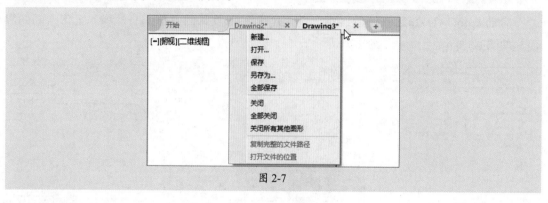

图 2-7

5. 绘图区

绘图区是用户的工作窗口，是绘制、编辑和显示图形对象的区域，位于操作界面中间位置。绘图区左上角为视口控件按钮，用户可以在此对视口的显示内容及样式进行设置，如图2-8所示。

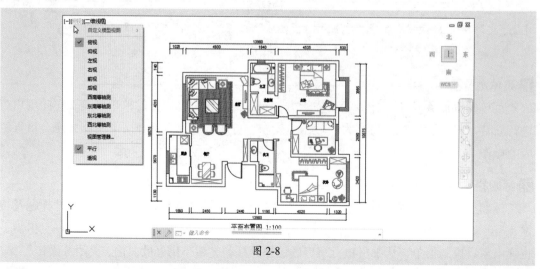

图 2-8

6. 十字光标

十字光标即为绘图时的鼠标，用户可根据自己的绘图习惯来调整其大小。

7. 命令行

命令行是通过键盘输入的命令显示AutoCAD的信息。一般情况下，命令行位于绘图区的下方，用户可以通过使用鼠标拖动命令行，使其处于浮动状态，也可以随意更改命令行的大小。

8. 状态栏

状态栏用于显示当前的工作状态信息。在状态栏的最左侧有"模型"和"布局"两种绘图模式，单击鼠标即可进行模式的切换。状态栏主要用于显示光标的坐标轴、控制绘图的辅助功能按钮、控制图形状态的功能按钮等。

操作提示

默认情况下，软件菜单栏是隐藏的。如果需要将其显示，可在快速访问工具栏中单击 ▤ 按钮，在打开的列表中选择"显示菜单栏"选项即可，如图2-9所示。

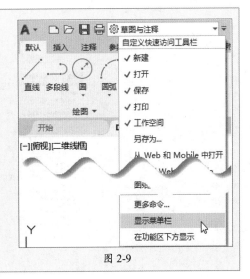

图 2-9

2.2 设置绘图环境

在开始绘图前，通常需要对一些必要的绘图参数进行调整，例如绘图单位、绘图界限、系统配置选项等。

2.2.1 案例解析：更换绘图界面颜色

启动AutoCAD 2022软件后，默认的操作界面是酷炫的蓝黑色，如果对该颜色不满意，可以对其进行更换。

步骤 01 用鼠标右键单击操作界面的任意位置，在弹出的快捷菜单中选择"选项"命令，如图2-10所示。

步骤 02 在弹出的"选项"对话框的"显示"选项卡中，将"颜色主题"设置为"明"，如图2-11所示。

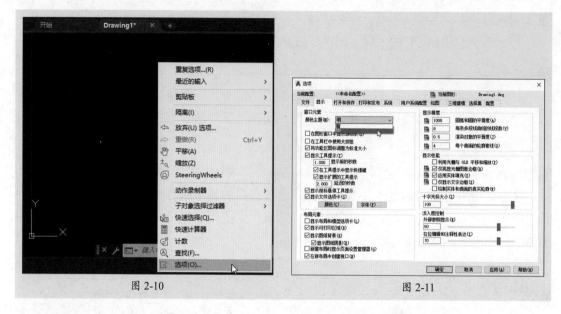

图 2-10

图 2-11

步骤 03 在该选项卡中单击"颜色"按钮，如图2-12所示。

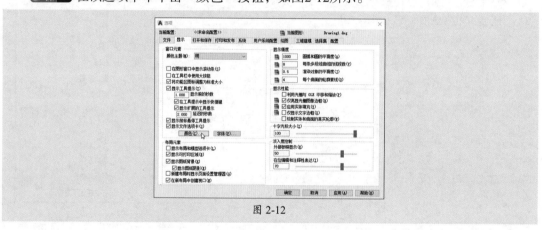

图 2-12

步骤 04 在弹出的"图形窗口颜色"对话框中，将"统一背景"选项的"颜色"设置为"白"，单击"应用并关闭"按钮，如图2-13所示。

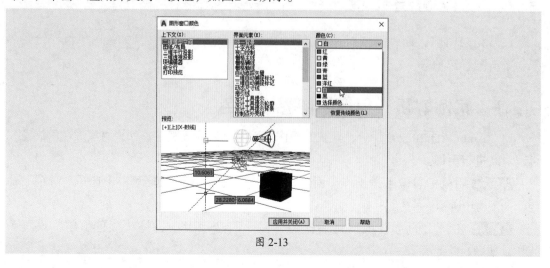

图 2-13

步骤 05 返回上一层对话框，单击"确定"按钮，此时的绘图界面背景色发生了相应的变化，如图2-14所示。

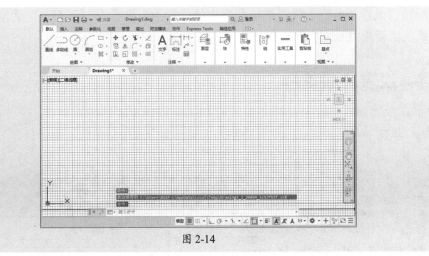

图 2-14

2.2.2 设置系统配置选项

AutoCAD软件的系统参数主要用于对系统配置进行设置，其中包括设置文件路径、更改绘图背景颜色、设置自动保存的时间、设置绘图单位等。安装该软件后，系统默认为初始系统配置。用户在绘图过程中，可通过以下方式进行操作。

- 在菜单栏中执行"工具"|"选项"命令。
- 单击菜单浏览器按钮，在弹出的菜单列表中执行"选项"命令。
- 在命令行中输入OP快捷命令，然后按回车键。
- 在绘图区域中单击鼠标右键，在弹出的快捷菜单中选择"选项"命令。

执行以上任意一种操作后，系统将打开"选项"对话框，用户可对其相关配置参数进行设置。下面将对各选项卡的用途进行简要说明。

- **文件：**该选项卡用于系统搜索支持文件、驱动程序文件、菜单文件和其他文件。
- **显示：**该选项卡用于设置窗口元素、显示精度、显示性能、十字光标大小和参照编辑的颜色等参数。
- **打开和保存：**该选项卡用于设置系统保存的文件类型、自动保存文件的时间及维护日志等参数。
- **打印和发布：**该选项卡用于设置打印输出设备。
- **系统：**该选项卡用于设置三维图形的显示特性、定点设备以及常规参数等。
- **用户系统配置：**该选项卡用于设置系统的相关选项，其中包括"Windows标准操作""插入比例""坐标数据输入的优先级""关联标注""超链接"等参数。
- **绘图：**该选项卡用于设置绘图对象的相关操作，例如"自动捕捉""捕捉标记大小""AutoTrack设置"以及"靶框大小"等参数。
- **三维建模：**该选项卡用于设置创建三维图形时的参数。例如"三维十字光标""三维对象""视口显示工具"以及"三维导航"等参数。

- **选择集**：该选项卡用于设置与对象选项相关的特性。例如"拾取框大小""夹点尺寸""选择集模式""夹点颜色"以及"选择集预览""功能区选项"等参数。
- **配置**：该选项卡用于设置系统配置文件的置为当前、添加到列表、重命名、删除、输入、输出以及配置等参数。

2.2.3　设置绘图单位

通常在绘图前，需要对绘图单位进行设定，以保证图形的准确性。在菜单栏中执行"格式"|"单位"命令，或在命令行中输入UNITS命令并按回车键，即可打开"图形单位"对话框，从中可对绘图单位进行设置，如图2-15所示。

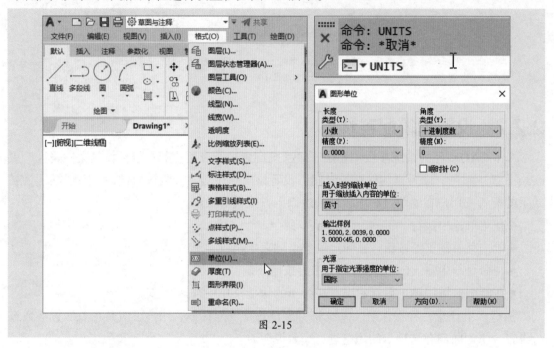

图 2-15

- **"长度"选项组**：在"类型"下拉列表中可以设置长度单位，在"精度"下拉列表中可以对长度单位的精度进行设置。
- **"角度"选项组**：在"类型"下拉列表中可以设置角度单位，在"精度"下拉列表中可以对角度单位的精度进行设置。若选中"顺时针"复选框，图像将以顺时针方向旋转，若取消选中该复选框，图像则以逆时针方向旋转。
- **"插入时的缩放单位"选项组**：缩放单位是指插入图形后的测量单位，默认情况下是"毫米"，一般不做改变，用户也可以单击其下拉三角按钮，设置其他缩放单位。
- **"光源"选项组**：光源单位是指光源强度的单位，其中包括国际、美国、常规选项。
- **"方向"按钮**：单击"方向"按钮，打开"方向控制"对话框，如图2-16所示。默认测量角度是东，用户也可以设置测量角度的起始位置。

图 2-16

2.2.4　设置绘图界限

绘图界限又称为绘图范围，主要用于限定绘图工作区和图纸边界。通过下列方法可以为绘图区域设置边界。

- 在菜单栏中执行"格式"|"图形界限"命令。
- 在命令行中输入LIMITS命令，然后按回车键。

执行以上任意一种操作后，根据命令行提示进行操作即可。

命令行提示如下：

```
命令: _limits
重新设置模型空间界限:
指定左下角点或 [开(ON)/关(OFF)] <-199.7795,1151.7045>: 0,0 （输入起始点坐标）
指定右上角点 <3030.8567,2728.1723>: 420,297 （指定对角点坐标）
```

2.3　绘图前的基础设置

除了以上必要的绘图设置外，用户还需掌握一些最基础的操作方法，如各种工作空间切换、图形文件的管理、命令的调用以及坐标的设置。

2.3.1　案例解析：将图形文件保存为低版本格式

为了便于在低版本中打开高版本的图形文件，在保存图形文件时，可以对其格式类型进行设置。下面将以保存为AutoCAD 2004版本格式为例来介绍具体的操作。

步骤 01 打开"平面布置图"素材文件，用鼠标右键单击文件选项卡，在弹出的快捷菜单中选择"另存为"命令，如图2-17所示。

步骤 02 在"图形另存为"对话框中，设置文件保存的路径。单击"文件类型"下拉按钮，在弹出的下拉列表中选择"AutoCAD 2004/LT2004图形（*.dwg）"选项，如图2-18所示。单击"保存"按钮即可完成保存操作。

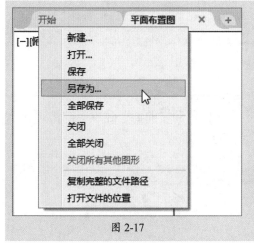

图 2-17

图 2-18

2.3.2　了解绘图工作空间

　　AutoCAD 2022软件提供了三种工作空间，分别为"草图与注释""三维基础""三维建模"。其中，"草图与注释"为默认工作空间。通过以下几种方法可以切换工作空间。

- 在菜单栏中执行"工具"|"工作空间"命令，在打开的级联菜单中选择需要的空间类型即可。
- 单击快速访问工具栏中的"工作空间"下拉按钮 [⚙ 草图与注释　　　　▼]。
- 单击状态栏右侧的"切换工作空间"按钮 [⚙ ▾]。
- 在命令行中输入WSCURRENT命令并按回车键。

　　根据命令行提示输入"草图与注释""三维基础"或"三维建模"，即可切换到相应的工作空间。"AutoCAD经典"工作空间不可用快捷键命令进行设置。

1. 草图与注释

　　草图与注释工作空间主要用于绘制二维草图。该空间是以XY平面为基准的绘图空间，可用于绘制所有二维图形，并提供了常用的绘图工具、图层、图形修改等各种功能面板，如图2-19所示。

图 2-19

2. 三维基础

　　该工作空间只限于绘制三维模型。用户可运用系统提供的建模、编辑、渲染等各种命令，创建三维模型，如图2-20所示。

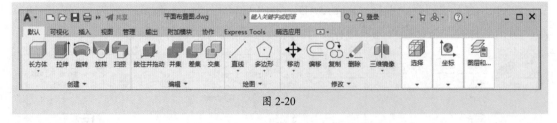

图 2-20

3. 三维建模

　　该工作空间与"三维基础"相似，但其增加了"实体"和"曲面"建模等功能。在该工作空间中，也可运用二维命令来创建三维模型，如图2-21所示。

图 2-21

2.3.3 管理图形文件

启动AutoCAD软件后，系统会默认打开"开始"界面。在此界面可以新建文件、打开文件等，如图2-22所示。

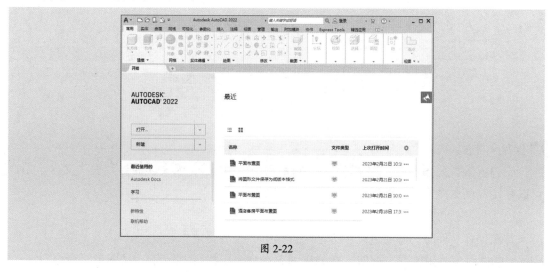

图 2-22

1. 新建文件

用户可以通过以下几种方法来新建图形文件。

- 单击"菜单浏览器"按钮，在弹出的菜单列表中执行"新建"|"图形"命令。
- 在菜单栏中执行"文件"|"新建"命令，或按Ctrl+N组合键。
- 单击快速访问工具栏中的"新建"按钮 。
- 在文件选项卡右侧单击"新图形"按钮。
- 在命令行中输入NEW命令并按回车键。
- 在"开始"界面中单击"新建"按钮。

执行以上任意一种操作后，会打开"选择样板"对话框，从文件列表中选择需要的样板，单击"打开"按钮即可创建新的图形文件。

2. 打开文件

用户可以通过以下几种方法打开图形文件。

- 单击"菜单浏览器"按钮，在弹出的菜单列表中执行"打开"|"图形"命令，打开"选择文件"对话框，选择需要打开的图形文件即可。
- 在快速访问工具栏中单击"打开"按钮 。
- 在菜单栏中执行"文件"|"打开"命令，或按Ctrl+O组合键。
- 在命令行中输入OPEN命令并按回车键。
- 在"开始"界面中单击"打开"按钮。
- 直接双击AutoCAD图形文件。

在"选择文件"对话框中选择需要打开的文件，在对话框右侧的预览区中可以预先查看所选择的图像，确认后单击"打开"按钮即可打开该图形，如图2-23所示。

图 2-23

3. 保存文件

绘制或编辑完图形后，要对文件进行保存操作，以避免因失误而导致丢失文件。用户可以直接保存文件，也可以进行文件另存为操作。

（1）保存新文件

首次保存文件时，可通过以下方法来操作。

- 单击"菜单浏览器"按钮，在弹出的菜单列表中执行"保存"|"图形"命令。
- 在菜单栏中执行"文件"|"保存"命令，或按Ctrl+S组合键。
- 单击快速访问工具栏中的"保存"按钮。
- 在命令行中输入SAVE命令并按回车键。
- 右击文件选项卡，在弹出的快捷菜单中选择"保存"命令。

执行以上任意一种操作后，将会打开"图形另存为"对话框，如图2-24所示。命名图形文件后，单击"保存"按钮即可保存文件。

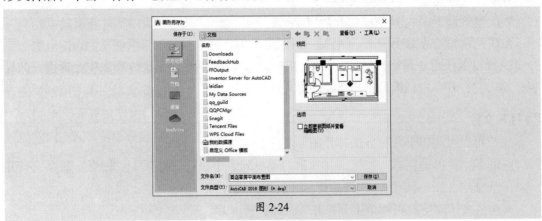

图 2-24

操作提示

首次保存文件时，系统都会自动打开"图形另存为"对话框，以确定文件的保存位置和名称。如果进行第二、三次保存，则系统将自动保存并覆盖第一次所保存的文件。

（2）另存为文件

如果需要重新命名文件或者更改文件路径，就需要进行文件另存为操作。通过以下几种方法可以执行另存文件的操作。

- 单击"菜单浏览器"按钮，在弹出的菜单列表中执行"另存为"|"图形"命令。
- 在菜单栏中执行"文件"|"另存为"命令。
- 单击快速访问工具栏中的"另存为"按钮。
- 右击文件选项卡，在弹出的快捷菜单中选择"另存为"命令。

执行以上操作同样会打开"图形另存为"对话框，然后调整好文件保存路径或文件名，并根据需要设置好文件保存的格式，单击"保存"按钮即可。

2.3.4 调用命令的方法

AutoCAD软件中的命令主要通过功能面板和命令行这两种方式来调用。

1. 使用功能面板

对于新手来说，可在功能区中调用相关的命令。例如调用"圆"命令，只需在功能区的"默认"选项卡的"绘图"选项组中单击"圆"命令按钮即可，如图2-25所示。

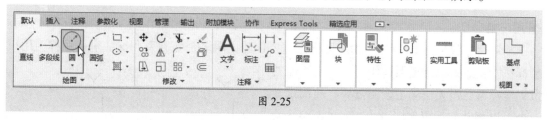

图 2-25

2. 使用命令行

对于精通软件操作的人来说，使用命令行这种方式是最便捷的。在命令行中只需输入命令名，按回车键即可调用该命令。例如执行"圆"命令，只需输入C（CIRCLE命令的缩写），再按回车键即可。命令行提示如下：

```
命令: C（输入命令的缩写字母，按回车键）
CIRCLE
指定圆的圆心或 [三点(3P)/两点(2P)/切点、切点、半径(T)]:（指定圆心点）
指定圆的半径或 [直径(D)]: 25（输入圆的半径值）
```

操作提示

除以上两种方式外，用户还可以使用菜单栏进行命令的调用。在菜单栏中执行"绘图"|"圆"|"圆心，半径"命令，如图2-26所示。

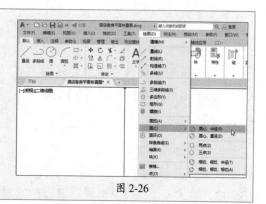

图 2-26

在命令使用过程中，可按Esc键终止当前命令操作。命令终止后，按空格键或者回车键，可重复执行上一次命令。

2.3.5 设置坐标系统

启动AutoCAD软件后，在绘图区左下角会显示绘图坐标。用户需要通过坐标系来指定点的位置。AutoCAD中的坐标系可分为两种，分别是世界坐标系（WCS）和用户坐标系（UCS）。

1. 世界坐标系

世界坐标系（WCS）是AutoCAD默认的坐标系统，通过X、Y、Z这3个相互垂直的坐标轴来确定位置。坐标原点位于绘图区左下角。在世界坐标系中，X轴和Y轴的交点就是坐标原点O（0,0），X轴正方向为水平向右，Y轴正方向为垂直向上，Z轴正方向为垂直于XOY平面，并指向用户。在二维绘图状态下，Z轴是不可见的。世界坐标系是一个固定不变的坐标系，其坐标原点和坐标轴方向都不会改变，如图2-27所示。

2. 用户坐标系

相对于世界坐标系WCS，用户可根据需要创建无限多个坐标系，这些坐标系称为用户坐标系。在进行三维造型操作时，固定不变的世界坐标系已经无法满足绘图需要，故而定义一个可以移动的用户坐标系（User Coordinate System，简称UCS），在需要的位置上设置原点和坐标轴的方向，更加便于绘图。用户坐标系和世界坐标系完全重合，但用户坐标系少了原点方框标志，如图2-28所示。

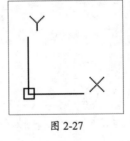
图 2-27

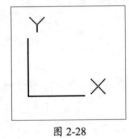
图 2-28

在绘图时经常需要通过输入坐标值来确定线条或图形的位置、大小和方向。用户可通过以下方法来输入新的坐标值。

1. 绝对坐标

绝对坐标包括绝对直角坐标和绝对极坐标两种。

- **绝对直角坐标：** 相对于坐标原点的坐标，可以输入（X,Y）或（X,Y,Z）坐标来确定点在坐标系中的位置。当输入（30,15,40）时，则表示在X轴正方向距离原点30个单位，在Y轴正方向距离原点15个单位，在Z轴正方向距离原点40个单位。
- **绝对极坐标：** 绝对极坐标通过相对于坐标原点的距离和角度来定义点的位置。输入极坐标时，距离和角度之间用"<"符号隔开。当输入（30<45）时，则表示该点距离原点30个单位，并与X轴成45°。逆时针旋转为正，顺时针旋转则为负。

2. 相对坐标

相对坐标是指相对于上一个点的坐标，它是以上一个点为参考点，用位移增量确定点的位置。在输入相对坐标时，需在坐标值的前面加"@"符号。如上一个点的坐标是（3,20），输入@（2,3），则表示该点的绝对直角坐标为（5,23）。

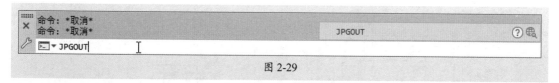

课堂实战 **将AutoCAD文件保存为JPG图片格式**

将设计图纸保存为图片格式，可方便用户进行图纸分享或传输。下面就以"书房立面图"为例来介绍具体的保存方法。

步骤 01 打开"书房立面图"素材文件，在命令行中输入JPGOUT命令，并按回车键，如图2-29所示。

```
命令: *取消*
命令: *取消*                                              JPGOUT                    ？
     JPGOUT        I
```

图 2-29

步骤 02 在打开的"创建光栅文件"对话框中，设置好文件保存的路径，单击"保存"按钮，如图2-30所示。

步骤 03 根据命令行中的提示，框选要保存的图形对象，如图2-31所示。

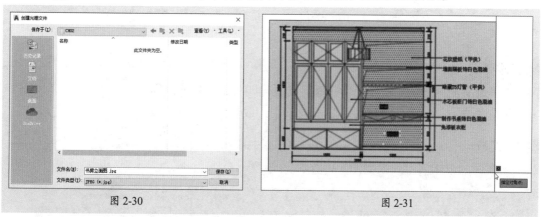

图 2-30

图 2-31

步骤 04 选择好后，按回车键完成保存操作。此时被选中的图形会以JPG格式进行保存，效果如图2-32所示。

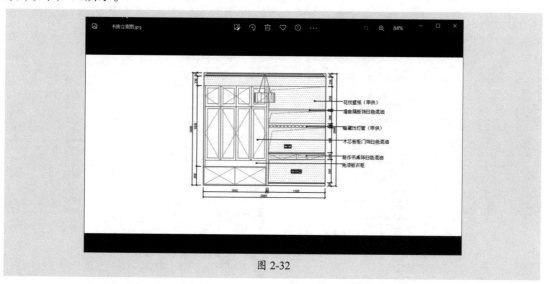

图 2-32

课后练习 扩展绘图区域

为了让绘图区能够最大限度地显示出图纸的所有内容，可对当前绘图区进行扩展。例如，隐藏功能区面板，隐藏文件选项卡等，如图2-33所示。

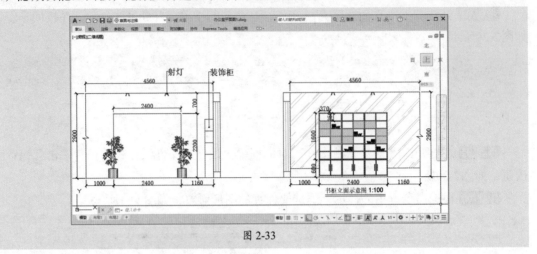

图 2-33

1. 技术要点

- 单击功能区中的"最小化为按钮" 🔲 ，即可隐藏功能区面板。
- 在"选项"对话框的"显示"选项卡中，取消选中"显示文件选项卡"复选框。

2. 分步演示

本案例的分步演示效果如图2-34所示。

图 2-34

储物家具与人体身高的关系

储物类家具分为柜体和架体两种类型。其中，柜体包括衣柜、壁橱、床头柜、书柜、玻璃柜、酒柜、橱柜、各种组合柜、物品柜、陈列柜、餐具柜等；而架体则包括书架、餐具食品架、陈列架、装饰架、衣帽架、屏风和屏架等。在对室内进行布局时，必须要考虑这些储物类家具的尺寸与人体身高之间的关系。如果尺寸把握不合理，就会给人们带来很多不必要的麻烦。

1. 高度

储物类家具的高度，根据人存取物品是否方便来划分，可分为三个区域：第一区域为从地面至人站立时手臂下垂指尖的垂直距离，即650mm以下的区域，该区域存储不便，人必须蹲下操作，一般存放较重且不常用的物品（如箱子、鞋子等杂物）；第二区域为以人肩为轴，从垂手指尖至手臂向上伸展的距离（上肢半径活动的垂直范围），高度在650～1850mm之间。该区域是存取物品最方便、使用频率最高的区域，也是人眼最容易看到的区域，一般存放常用的物品（如应季衣物和日常生活用品等）；若需扩大贮存空间，节约占地面积，则可设置第三区域，即柜体1850mm以上区域（超高空间），一般可叠放柜、架，存放较轻的季节性物品（如棉被、棉衣等），如图2-35所示。

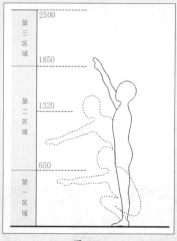

图 2-35

2. 宽度与深度

橱、柜、架等储存类家具的宽度和深度，是根据存放物的种类、数量和存放方式以及室内空间的布局等因素来确定的。在很大程度上还取决于人造板材合理裁割与产品设计系列化、模数化的程度。一般柜体宽度常以800mm为基本单元，深度上衣柜一般为550～600mm，书柜一般为400～450mm。这些尺寸是综合考虑贮存物的尺寸与制作时板材的出材率等因素得出的结果，如图2-36所示。

除考虑上述因素外，从建筑整体来看，还须考虑柜类体量对室内的影响以及较好的视感。从单体家具看，过大的柜体与人的情感较疏远，在视觉上好似一道墙，体验不到它给我们使用上带来的亲切感。

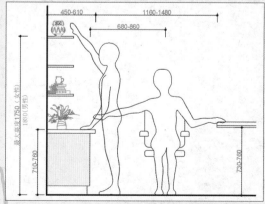

图 2-36

第3章

辅助绘图工具的使用

内容导读

为了更精确地绘制图形，提高绘图的速度和准确性，需要从捕捉、追踪等功能入手，同时利用缩放、移动等功能有效地控制图形显示，辅助设计者快速观察、对比及校准图形。本章将对一些常用的图形辅助工具进行介绍。

思维导图

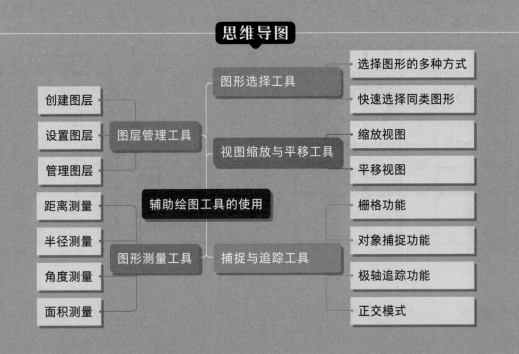

3.1 图形选择工具

选择图形的方式有很多种，如单击选取、框选选取、批量选取等。在选择图形时，可根据实际情况选择一种最合适的方式来操作。

3.1.1 案例解析：取消被误选中的图形

在选择图形时，经常会多选或误选某一图形。若遇到这种情况，用户可使用以下方法来取消图形的选择。

步骤01 打开"书柜立面"素材文件，单击书柜图形左上角任意点，移动鼠标指针至书柜右下角任意点，则在选取框内的图形都会被选中，如图3-1所示。

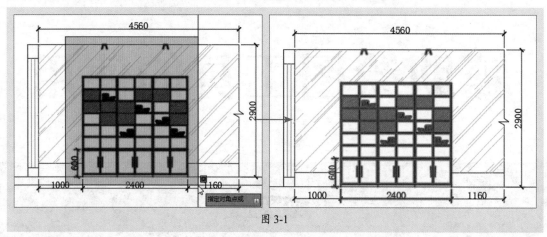

图 3-1

步骤02 框选完成后，发现书柜上方的射灯、图书以及相关标注也被选中。这时，可按住Shift键不放，并将鼠标指针移至图书上，指针的右上方会显示"-"图标。单击已被选择的图书，即可取消选择，如图3-2所示。

步骤03 按照同样的方法，单击其他要取消选择的图形即可，如图3-3所示。

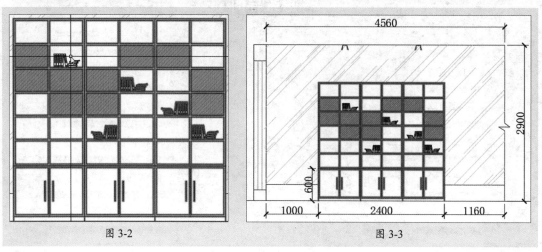

图 3-2   图 3-3

3.1.2 选择图形的多种方式

在绘图区中单击某一个图形即可将其选中，按住Shift键单击多个图形则可多选图形。图3-4和图3-5所示分别为单选和多选图形的效果。这种方式是AutoCAD最基本的选取方式。

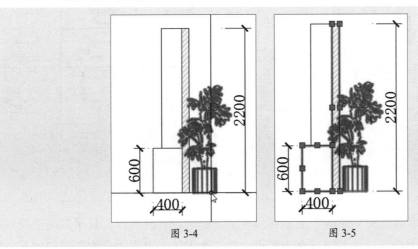

图3-4   图3-5

除了单击选取图形的方式外，还有其他几种选择方式，例如窗口选取、窗交选取、套索选取等。

1. 窗口选取

在图形窗口中单击确定第一个对角点，从左向右拖动鼠标显示出一个蓝色矩形窗口，如图3-6所示。指定第二个角点后，所有在该窗口的图形都会被选中。而不在该窗口内的，或者与窗口边界相交的图形将不被选中，如图3-7所示。按Esc键可取消选择。

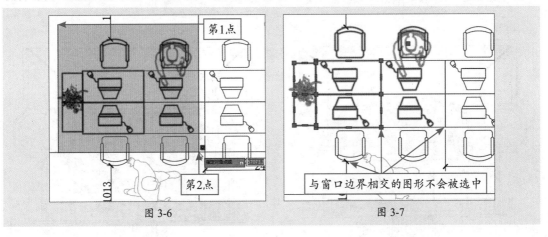

图3-6   图3-7

2. 窗交选取

在图形窗口中单击选择第一个对角点，从右向左拖动鼠标会显示一个绿色虚线矩形窗口，如图3-8所示。指定第二个角点后，全部在窗口内的，或者与窗口边界相交的图形都会被选中，如图3-9所示。

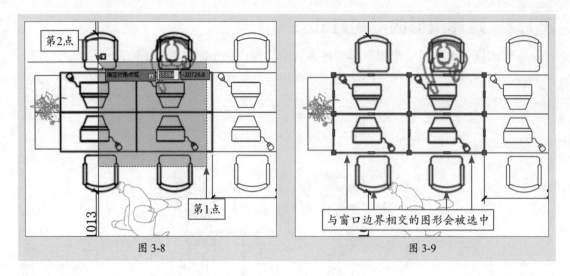

图 3-8   图 3-9

3. 套索选取

在绘图区使用套索选择对象时，也是通过单击鼠标进行选择。该工具是利用不规则窗口来圈选，只需将要选择的图形圈选在内即可。单击绘图区一点作为套索选取起始点，在命令行中输入CP命令，按回车键，指定选取第1点、第2点……直到结束，如图3-10所示，按回车键即可。此时在选区范围内的，以及与选区边界相交的图形对象都会被选中，如图3-11所示。

命令行提示如下：

命令: 指定对角点或 [栏选(F)/圈围(WP)/圈交(CP)]: cp （选择"圈交"选项）
指定直线的端点或 [放弃(U)]: （指定选取第1点）
指定直线的端点或 [放弃(U)]: （指定选取第2点，直到结束，按回车键）

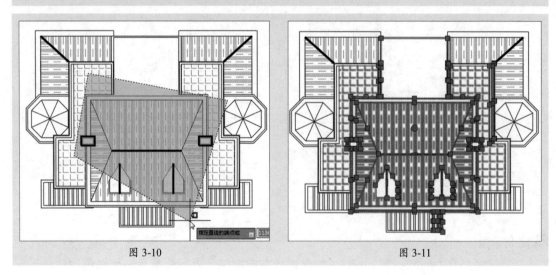

图 3-10   图 3-11

操作提示

窗口与窗交两种选取方式有着非常明显的标识，窗口框选的边界是实线，窗交框选的边界是虚线；窗口选框为蓝色，窗交选框为绿色。

3.1.3　快速选择同类图形

如果需要选择大量具有某些相同特性的图形对象时，可通过"快速选择"功能进行选择操作。利用该功能可以根据图形的图层、颜色、图案填充等特性和类型来创建选择集。用户可以通过以下方法执行"快速选择"命令。

- 在菜单栏中执行"工具"|"快速选择"命令。
- 在"默认"选项卡的"实用工具"选项组中单击"快速选择"按钮 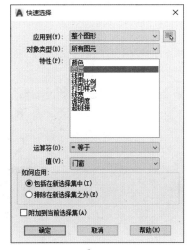。
- 在命令行中输入QSELECT命令，然后按回车键。

执行以上任意一种操作后，将打开"快速选择"对话框，如图3-12所示。

在"特性"列表框中选择图形的属性特征。例如，选择"图层"属性后，在"值"下拉列表中选择"门窗"选项，那么整个图形中所有在门窗图层中的图形都会被选中。

图 3-12

3.2　视图缩放与平移工具

在绘制图形时，经常会将图形进行放大或缩小显示，这样操作主要是为了方便用户把控图形整体效果。那么如何控制图形的显示呢？下面将介绍具体的操作方法。

3.2.1　缩放视图

在绘制图形局部细节时，通常会放大视图，绘制完成后再缩小视图，查看图形的整体效果。视图的缩放仅改变图形在屏幕中的显示尺寸，而图形本身的尺寸保持不变。图3-13和图3-14所示为图形视图的放大与缩小效果。

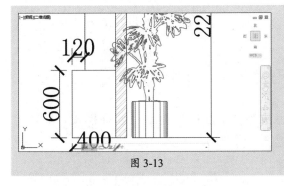

图 3-13

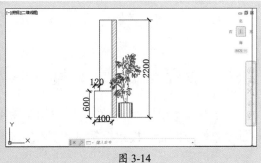

图 3-14

用户可以通过以下方式缩放视图。

- 在菜单栏中执行"视图"|"缩放"|"放大/缩小"命令。
- 滚动鼠标滚轮（中键），就可以进行图形的放大或缩小。
- 在命令行中输入ZOOM命令并按回车键。

除此之外，在绘图区右侧工具栏中，单击"缩放范围"按钮，在打开的下拉列表中，还可以进行其他的缩放操作，例如"窗口缩放""实时缩放""中心缩放"等，如图3-15所示。

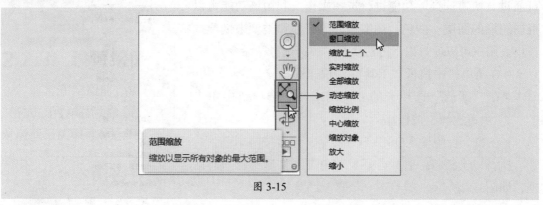

图 3-15

向上滚动鼠标中键，图形将放大显示；向下滚动鼠标中键，图形将缩小显示；双击中键，图形会全屏显示。

3.2.2 平移视图

当图形的位置不利于用户观察和绘制时，可以平移视图，将图形平移到合适的位置。使用平移图形命令可以重新定位图形，方便查看。平移视图不会改变图形的比例和大小，而只改变位置。通过以下方式可进行视图的平移操作。

- 在菜单栏中执行"视图"|"平移"|"左"命令（也可以选择上、下和右命令）。
- 在命令行中输入PAN命令并按回车键。
- 按住鼠标中键进行拖动。
- 单击绘图区右侧工具栏中的"平移"按钮。

执行以上任何一种操作后，鼠标指针会变成小手图标，此时即可对视图进行平移操作。

3.3 捕捉与追踪工具

为了保证绘图的准确性，用户可以利用状态栏中的栅格显示、捕捉模式、极轴追踪、对象捕捉、正交模式等辅助工具来精确绘图。

3.3.1 案例解析：绘制菱形

下面将利用对象捕捉功能来绘制一个菱形，具体操作步骤介绍如下。

步骤 01 在"默认"选项卡的"绘图"选项组中单击"圆心"按钮，随意绘制一个椭圆形，如图3-16所示。

命令行提示如下：

命令: _ellipse

指定椭圆的轴端点或 [圆弧(A)/中心点(C)]: _c

指定椭圆的中心点: (随意指定一个圆心点)

指定轴的端点: <正交 开> (向右移动光标，指定一个点)

指定另一条半轴长度或 [旋转(R)]: (向上移动光标，指定另一个点)

步骤 **02** 在状态栏中右击"对象捕捉"按钮，在弹出的快捷菜单中选择"对象捕捉设置"命令，如图3-17所示。

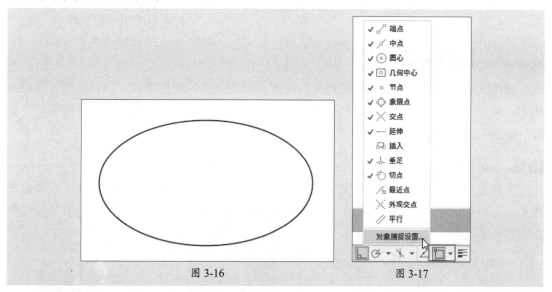

图 3-16　　　　　　　　　　　图 3-17

步骤 **03** 打开"草图设置"对话框，切换到"对象捕捉"选项卡，选中"象限点"复选框，如图3-18所示，设置完成后单击"确定"按钮。

步骤 **04** 执行"直线"命令，将鼠标移动到椭圆左侧边线上，捕捉象限点，如图3-19所示。

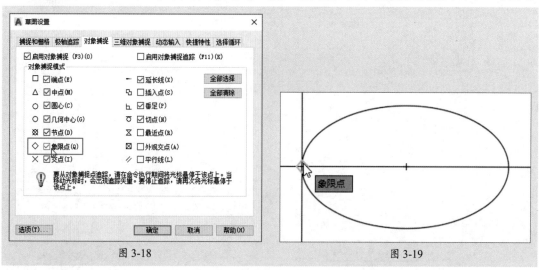

图 3-18　　　　　　　　　　　图 3-19

步骤 **05** 移动鼠标，捕捉椭圆其他三个象限点并绘制直线，如图3-20所示。

步骤 **06** 按回车键，直线绘制完成，删除椭圆形即可完成菱形的绘制，如图3-21所示。

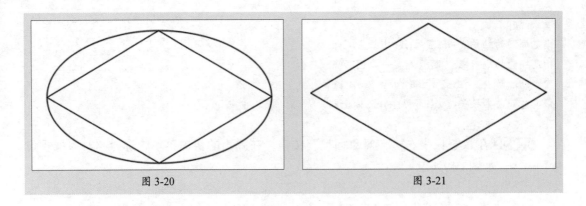

图 3-20   图 3-21

3.3.2 栅格功能

栅格显示是指在屏幕上显示按指定行间距、列间距排列的栅格点。利用栅格可以对齐图形，并可以直观地显示图形之间的距离。栅格只在屏幕上显示，打印图形时栅格是不会被打印出来的。

1. 显示 / 隐藏栅格

默认情况下，新建一个图形文件后，就会显示栅格。如果不需要栅格，可按F7键，或单击状态栏中的"显示图形栅格"按钮⊞，将其关闭。图3-22和图3-23所示分别为显示和隐藏栅格的效果。

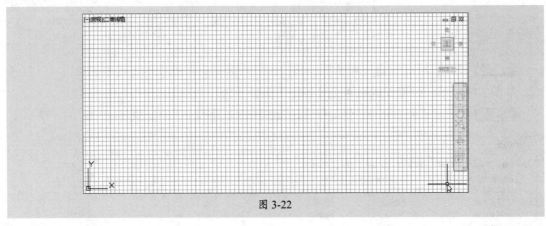

图 3-22

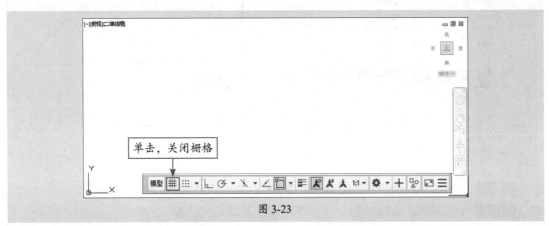

图 3-23

2. 栅格捕捉

绘图屏幕上的栅格点对鼠标指针有吸附作用，开启栅格捕捉后，栅格点即能够捕捉到鼠标，使鼠标只能按指定的步距移动。通过以下方法可开启栅格捕捉。

- 在菜单栏中执行"工具"|"绘图设置"命令。
- 在状态栏中单击"捕捉模式"按钮■开启捕捉模式，并单击右侧扩展按钮，在打开的下拉列表中选择"栅格捕捉"选项。
- 按Ctrl+B组合键或按F3键。
- 在"草图设置"对话框中选中"启用捕捉"复选框。

在状态栏中右击"捕捉模式"按钮，在弹出的快捷菜单中选择"捕捉设置"命令，可打开"草图设置"对话框。在"捕捉和栅格"选项卡中可对"捕捉间距"和"栅格间距"的参数进行设置，如图3-24所示。

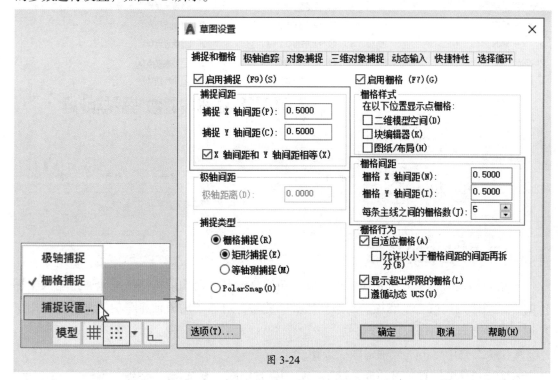

图 3-24

3.3.3 对象捕捉功能

在绘图中需要确定某一点的具体位置，只凭肉眼是很难正确判断的，那么用户就可以利用"对象捕捉"功能来实现。对象捕捉分为自动捕捉和临时捕捉两种。临时捕捉主要通过"对象捕捉"工具栏实现。在菜单栏中执行"工具"|"工具栏"|AutoCAD|"对象捕捉"命令，打开"对象捕捉"工具栏，如图3-25所示。在执行自动捕捉操作前，需要设置对象的捕捉点。当鼠标经过这些设置过的特殊点时，系统会自动捕捉这些点。

图 3-25

用户可通过以下方法打开或关闭对象捕捉模式。

- 单击状态栏中的"对象捕捉"按钮 ⬚。
- 按F3键进行切换。

开启对象捕捉模式后，根据需要选择所需的捕捉模式，如图3-26所示。此外，在"草图设置"对话框的"对象捕捉"选项卡中也可进行相应的选择，如图3-27所示。

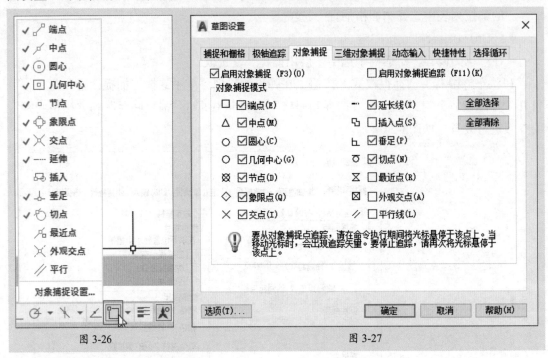

图 3-26　　　　　　　　　　　　图 3-27

3.3.4　极轴追踪功能

当绘制斜线时，一般需要通过指定倾斜角度来绘制。而如果按部就班地通过输入坐标值的方法来绘制，就会很麻烦。当遇到这类问题时，可以利用极轴追踪功能来解决。用户可通过以下方式来启用极轴追踪。

- 在状态栏中单击"极轴追踪"按钮 ⬚。
- 打开"草图设置"对话框，选中"启用极轴追踪"复选框。
- 按F10键进行切换。

极轴追踪包括极轴角设置、对象捕捉追踪设置、极轴角测量等，在"极轴追踪"选项卡中可以设置这些功能。

1. 极轴角设置

"极轴角设置"选项组包含"增量角"和"附加角"选项。在"增量角"下拉列表框中可以选择具体的倾斜角度，如图3-28所示。如果列表中没有所需角度，可在"增量角"文本框内输入，如图3-29所示。

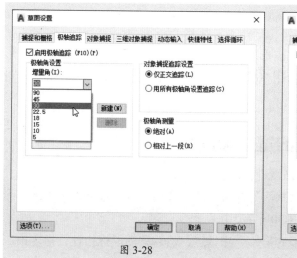
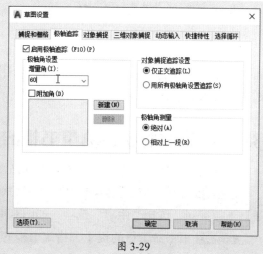

图 3-28　　　　　　　　　　　　　图 3-29

附加角起辅助作用，当绘制角度时，如果是附加角设置的角度就会有提示。选中"附加角"复选框，单击"新建"按钮，输入角度值，按回车键即可创建附加角。选中数值，单击"删除"按钮即可删除附加角。

2. 对象捕捉追踪设置

"对象捕捉追踪设置"选项组包括"仅正交追踪"和"用所有极轴角设置追踪"两种方式。具体介绍如下。

- **仅正交追踪**：是追踪对象的正交路径，也就是对象X轴和Y轴正交的追踪。当"对象捕捉"打开时，仅显示已获得的对象捕捉点的正交对象捕捉追踪路径。
- **用所有极轴角设置追踪**：是指鼠标从获取的对象捕捉点起沿极轴对齐角度进行追踪。该选项对所有的极轴角都将进行追踪。

3. 极轴角测量

"极轴角测量"选项组包括"绝对"和"相对上一段"两个选项。"绝对"是指根据当前用户坐标系UCS确定极轴追踪角度。"相对上一段"是指根据上一段绘制的线段确定极轴追踪角度。

3.3.5　正交模式

开启正交模式后，十字光标只能进行水平或垂直移动。如果关闭正交模式，那么十字光标将不受约束，可随意移动。用户可通过以下方式开启正交模式。

- 单击状态栏中的"正交模式"按钮。
- 按F8键进行切换。

3.4 图形测量工具

测量功能主要是指通过测量工具，对图形的面积、周长、图形之间的距离以及图形面域质量等信息进行测量。该功能可帮助用户快速了解当前图形的尺寸信息，以便于对图形进行编辑操作。

3.4.1 案例解析：测量书柜的宽度和高度

下面利用距离工具来对书柜的宽度和高度进行测量。

步骤 01 打开"书柜"素材文件。在"默认"选项卡的"实用工具"选项组中单击"测量"下拉按钮，选择"距离"选项，如图3-30所示。

步骤 02 根据命令行的提示，指定书柜的第一个测量点，然后移动鼠标指针，指定第二个测量点，如图3-31所示。

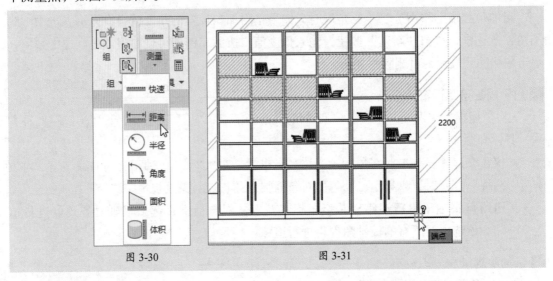

图 3-30   图 3-31

步骤 03 两个测量点都指定好后，系统会在鼠标附近显示出测量结果，如图3-32所示。

步骤 04 按照此方法，测量出书柜的宽度值，如图3-33所示。按Esc键退出测量操作。

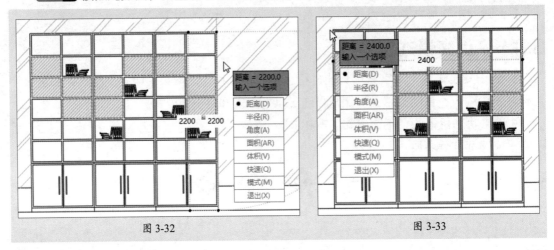

图 3-32   图 3-33

3.4.2 距离测量

在"实用工具"选项组中单击"测量"下拉按钮,选择"距离"选项 ▭,并根据命令行的提示指定好两个测量点即可得出测量结果。

命令行提示如下:

命令: _MEASUREGEOM
输入一个选项[距离(D)/半径(R)/角度(A)/面积(AR)/体积(V)/快速(Q)/模式(M)/退出(X)] <距离>: _distance
指定第一点: (捕捉第1个测量点)
指定第二个点或 [多个点(M)]: (捕捉第2个测量点)
距离 = 600.0000, XY 平面中的倾角 = 0, 与 XY 平面的夹角 = 0
X 增量 = 600.0000, Y 增量 = 0.0000, Z 增量 = 0.0000

3.4.3 半径测量

单击"测量"下拉按钮,选择"半径"选项 ▭,根据命令行的提示指定所需的圆弧线段,即可测量出该圆弧的半径和直径尺寸,如图3-34所示。

命令行提示如下:

命令: _MEASUREGEOM
输入一个选项[距离(D)/半径(R)/角度(A)/面积(AR)/体积(V)/快速(Q)/模式(M)/退出(X)] <距离>: _radius
选择圆弧或圆: (指定圆弧)
半径 = 884.0
直径 = 1768.0

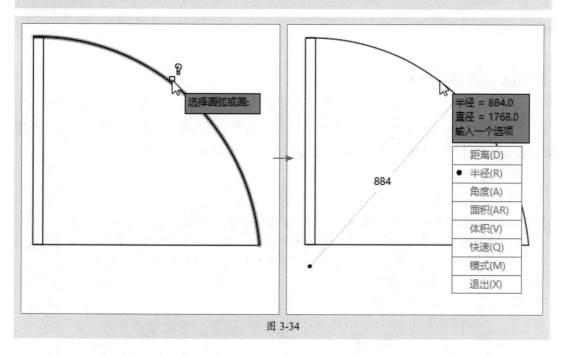

图 3-34

3.4.4　角度测量

在"测量"下拉列表中选择"角度"选项⬚，并根据命令行的提示选择夹角的两条线段即可得出测量结果，如图3-35所示。

命令行提示如下：

> 命令：_MEASUREGEOM
> 输入选项 [距离(D)/半径(R)/角度(A)/面积(AR)/体积(V)] <距离>：_angle
> 选择圆弧、圆、直线或 <指定顶点>：（指定第1条夹角线段）
> 选择第二条直线：（指定第2条夹角线段）
> 角度 = 90°

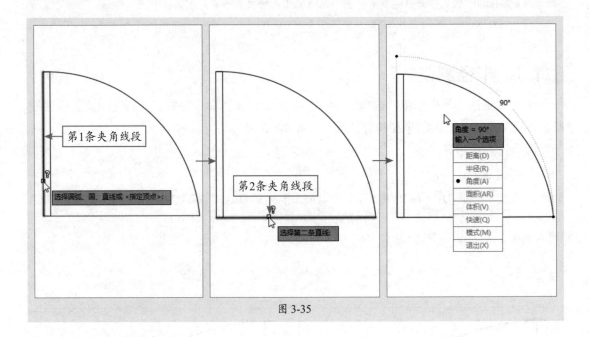

图 3-35

3.4.5　面积测量

在测量面积时，可以通过指定点来选择测量的面积区域。在"测量"下拉列表中选择"面积"选项⬚，并指定图形的第1个测量点，然后捕捉下一个测量点，直到结束，按回车键即可测量出该区域的面积和周长，如图3-36所示。

命令行提示如下：

> 命令：_MEASUREGEOM
> 输入选项 [距离(D)/半径(R)/角度(A)/面积(AR)/体积(V)] <距离>：_area
> 指定第一个角点或 [对象(O)/增加面积(A)/减少面积(S)/退出(X)] <对象(O)>：（选中第一个测量点）
> 指定下一个点或 [圆弧(A)/长度(L)/放弃(U)]：（捕捉下一个测量点，直到结束）
> 指定下一个点或 [圆弧(A)/长度(L)/放弃(U)]：
> 指定下一个点或 [圆弧(A)/长度(L)/放弃(U)/总计(T)] <总计>：
> 指定下一个点或 [圆弧(A)/长度(L)/放弃(U)/总计(T)] <总计>：
> 区域 = 104280650.0，周长 = 41550.0

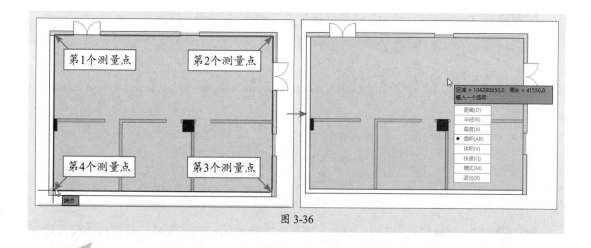

图 3-36

在"测量"下拉列表中选择"体积"选项后，依次捕捉实体底面的测量点，以及实体高度，按回车键即可测量出三维实体的体积。

3.5 图层管理工具

图层相当于绘图过程中使用的重叠图纸，一个完整的图形通常由多个图层组成。AutoCAD将线型、线宽、颜色等作为图形对象的基本特征，图层就通过这些特征来管理图形，而所有的图层都显示在图层特性管理器中。用户可通过以下几种方法打开图层特性管理器。

- 在菜单栏中执行"格式"|"图层"命令。
- 在"默认"选项卡的"图层"选项组中，单击"图层特性"按钮 。
- 在命令行中输入LAYER命令并按回车键。

3.5.1 案例解析：创建墙体轴线图层

下面以创建轴线图层为例，来介绍新建图层的操作。

步骤 01 在"默认"选项卡的"图层"选项组中单击"图层特性"按钮，打开"图层特性管理器"选项板，单击"新建图层"按钮，新建"图层1"，如图3-37所示。

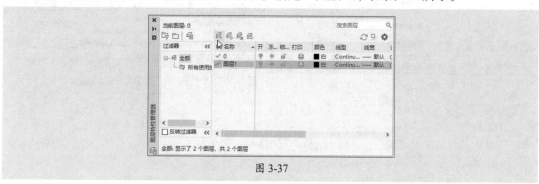

图 3-37

步骤 02 单击"图层1"名称，将其重命名为"轴线"，如图3-38所示。

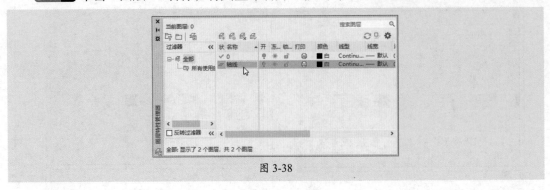

图 3-38

步骤 03 单击"轴线"图层的"颜色"图标，在弹出的"选择颜色"对话框中设置轴线的颜色，如图3-39所示。

步骤 04 单击"确定"按钮，完成轴线层颜色的设置，如图3-40所示。

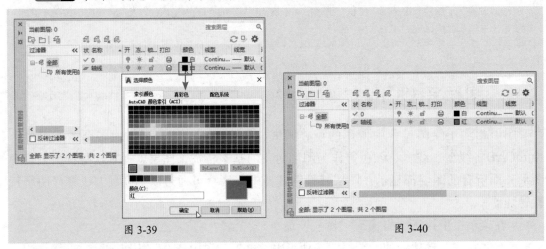

图 3-39   图 3-40

步骤 05 单击"线型"图标，打开"选择线型"对话框，单击"加载"按钮。在"加载或重载线型"对话框中选择所需线型，如图3-41所示，单击"确定"按钮。

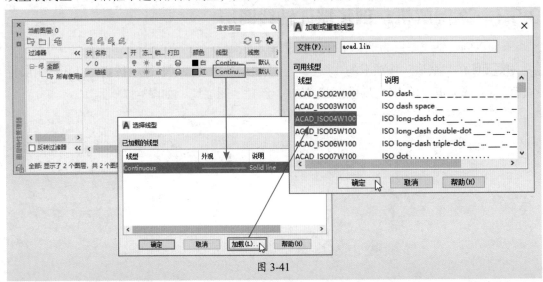

图 3-41

步骤 06 返回到"选择线型"对话框，选择新加载的线型，单击"确定"按钮即可完成轴线图层的线型设置，如图3-42所示。

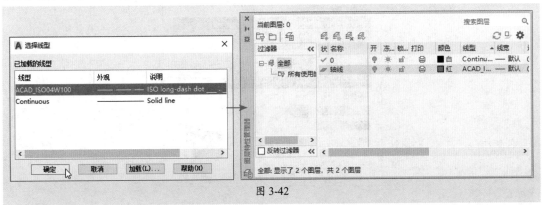

图 3-42

步骤 07 双击"轴线"图层，将其设置为当前层，如图3-43所示。至此，轴线图层创建完毕。

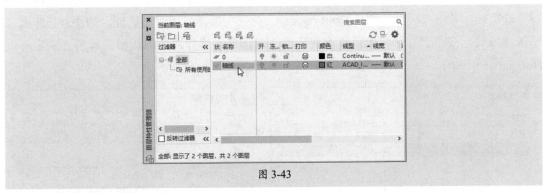

图 3-43

3.5.2　创建图层

默认情况下，图层特性管理器中始终会有一个图层0，该图层为系统图层，是不能被删除的。单击"新建图层"按钮后，新图层将会以"图层1"命名。

用户可以通过以下方式来新建图层。

- 在图层特性管理器中单击"新建图层"按钮 。
- 在图层列表中单击鼠标右键，在弹出的快捷菜单中选择"新建图层"命令。

3.5.3　设置图层

为了区别各类图层，在新建图层后，需要为图层设置不同的颜色、线型、线宽。这些设置可在"图层特性管理器"选项板中实现。

1 颜色的设置

在"图层特性管理器"选项板中单击"颜色"图标 ，打开"选择颜色"对话框，其中包含三个颜色选项卡：索引颜色、真彩色、配色系统。用户可在这三个选项卡中选择需要的颜色，如图3-44所示。

59

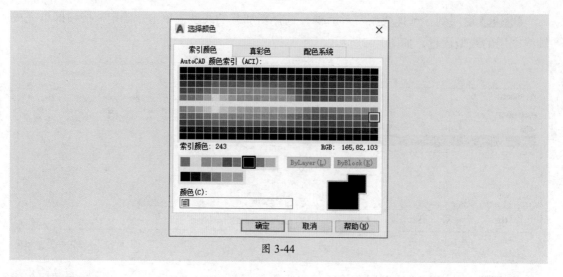

图 3-44

2. 线型的设置

　　线型分为虚线和实线两种。用户可根据绘制要求来选择线条类型。在"图层特性管理器"选项板中单击"线型"图标 **Continuous**，打开"选择线型"对话框，如图3-45所示，单击"加载"按钮。打开"加载或重载线型"对话框，选择需要的线型，单击"确定"按钮，如图3-46所示。

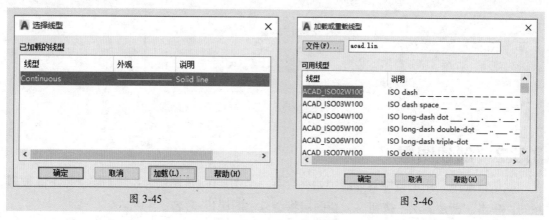

图 3-45　　　　　　　　　　　　　　　　　　图 3-46

　　返回到"选择线型"对话框，选择添加过的线型，单击"确定"按钮，如图3-47所示。随后在"图层特性管理器"选项板中就会显示选择后的线型。

操作提示

　　设置好线型后，线型比例默认为1，所绘制的线条无变化。选中该线条，在命令行中输入CH命令并按回车键，在"图层特性管理器"选项板中调整一下"线型比例"数值即可。

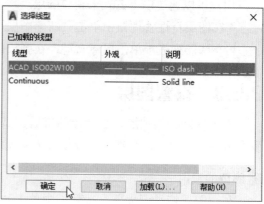

图 3-47

3. 线宽的设置

在"图层特性管理器"选项板中单击"线宽"图标 ──── **默认**，打开"线宽"对话框，选择合适的线宽，单击"确定"按钮，如图3-48所示。返回"图层特性管理器"选项板后，选项栏就会显示修改过的线宽。

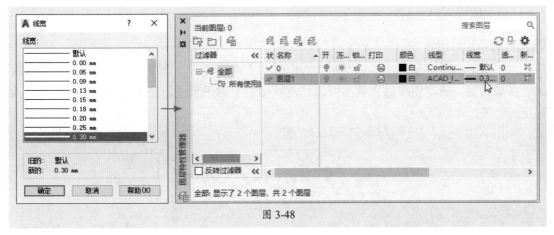

图 3-48

3.5.3　管理图层

在"图层特性管理器"选项板中，除了可以创建图层，修改颜色、线型和线宽外，还可以对创建的图层进行管理操作。

1. 置为当前层

默认情况下，图层0为当前使用图层，如果需要将其他图层设置为当前使用图层，可通过以下方法来操作。

- 在"图层特性管理器"选项板中，双击所需图层名称即可。
- 在"图层特性管理器"选项板中，选择所需图层，单击"置为当前"按钮 ✍。
- 在"图层特性管理器"选项板中，右键单击所需图层，在弹出的快捷菜单中选择"置为当前"命令。
- 在"图层"面板中单击"图层"下拉按钮，选择所需图层即可。

2. 图层的开启与关闭

如果创建的图层比较多，用户可以关闭一些不需要的图层，以方便图形的选取和编辑。图3-49和图3-50所示为关闭与开启家具图层的效果。

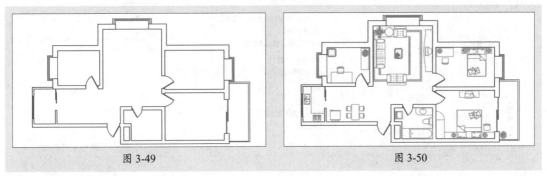

图 3-49　　　　　　　　　　　　　　　　　　　图 3-50

用户可以通过以下方式进行图层的开启和关闭操作。

● 在"图层特性管理器"选项板中单击图层的 🔘 按钮,可关闭该图层;相反,单击 🔘 按钮,可开启当前图层。

● 在"图层"面板中单击"图层"下拉按钮,在弹出的下拉列表中单击 🔘 或 🔘 按钮,可关闭或开启图层。

3. 图层的锁定与解锁

当图层中的图标变成 🔓 时,表示当前图层处于解锁状态;当图标变为 🔒 时,表示当前图层已被锁定。锁定图层后,就不可以修改该图层上的图形了。图3-51所示为墙体图层被锁定的效果。

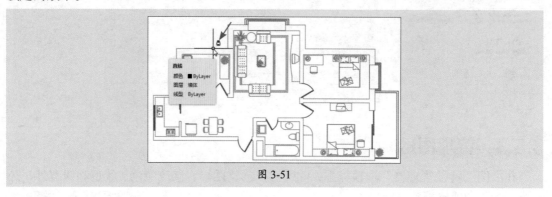

图 3-51

用户可以通过以下方式锁定或解锁图层。

● 在"图层特性管理器"选项板中单击某个图层的 🔓 按钮,可锁定该图层;相反,单击 🔒 按钮可解锁图层。

● 在"图层"面板中单击"图层"下拉按钮,在弹出的下拉列表中单击所需图层的 🔓 或 🔒 按钮即可。

4. 合并图层

如果在"图层特性管理器"选项板中存在许多具有相同属性的图层,则可以将这些图层合并到一个指定的图层中,方便管理。

在"图层特性管理器"选项板中,选择两个或多个属性相同的图层,单击鼠标右键,在弹出的快捷菜单中选择"将选定图层合并到…"命令,如图3-52所示。在打开的"合并到图层"对话框中指定合并到的图层名称,如图3-53所示。

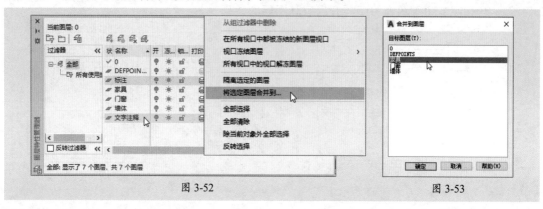

图 3-52　　　　　　　　　　　　　　　　图 3-53

选择好后，单击"确定"按钮，选中的两个图层就会合并到目标图层中，如图3-54所示。

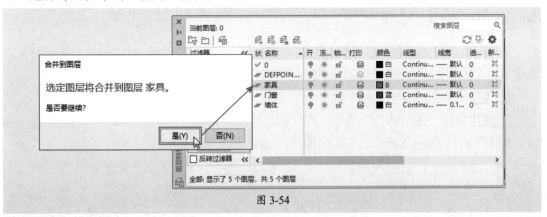

图 3-54

5. 隔离图层

隔离图层是指除隔离图层之外的所有图层都会被锁定，只能对当前隔离图层上的图形进行编辑操作。图3-55所示为墙体层处于隔离状态，其他图层为锁定状态。

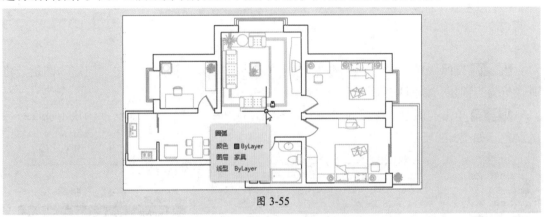

图 3-55

在"图层"面板中单击"隔离"按钮 ，选择要隔离图层上的图形，按回车键即可。单击"取消隔离"按钮 ，图层将被取消隔离，如图3-56所示。

图 3-56

学　习　心　得

课堂实战 创建图层并测量三居室客厅面积

图层可以在绘图前创建，也可以安排在图纸绘制结束后再进行图层归类。下面将以三居室平面图为例，来介绍图层归类以及面积的测量操作。

步骤 01 打开"三居室平面"素材文件，如图3-57所示。

步骤 02 单击"图层特性"按钮，在"图层特性管理器"选项板中单击"新建图层"按钮，新建图层1，并将其重命名为"墙体"，如图3-58所示。

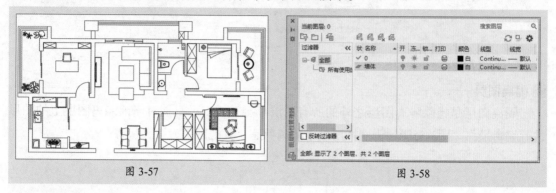

图 3-57　　　　　　　　　　　　　　　图 3-58

步骤 03 按照同样的方法，创建"门窗""家具""植物"图层。双击"门窗"图层，将其设置为当前层，如图3-59所示。

步骤 04 单击"门窗"图层的"颜色"图标，打开"选择颜色"对话框，从中选择合适的颜色，如图3-60所示。

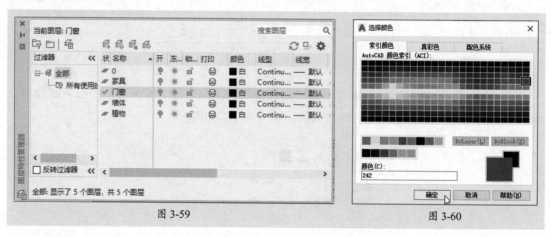

图 3-59　　　　　　　　　　　　　　　图 3-60

步骤 05 返回到"图层特性管理器"选项板，按照同样的方法，设置"家具"和"植物"图层的颜色，如图3-61所示。

步骤 06 单击"墙体"图层的"线宽"图标，打开"线宽"对话框，选择0.30mm，如图3-62所示。

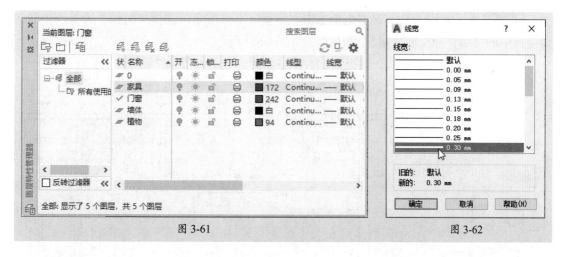

图 3-61	图 3-62

步骤 07 设置完毕后关闭对话框以及"图层特性管理器"选项板。选中所有墙体线,在"图层"面板中单击"图层"下拉按钮,选择"墙体"选项,如图3-63所示。

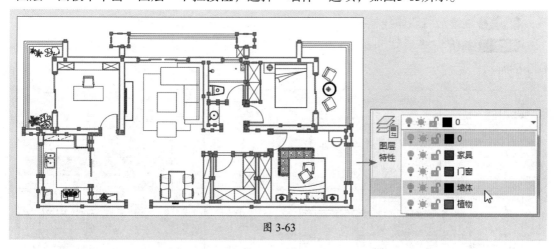

图 3-63

步骤 08 在绘图区选中所有门窗图形,参照上一步操作,将其放置在"门窗"图层中,如图3-64所示。

步骤 09 按照同样的操作,将家具图形和植物图形分别添加至相应的图层中,如图3-65所示。

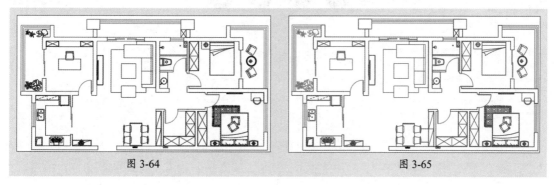

图 3-64	图 3-65

步骤 10 在"实用工具"选项组中单击"测量"下拉按钮，选择"面积"选项，并根据命令行中的提示，捕捉客厅第1个测量点，如图3-66所示。

步骤 11 沿着客厅墙体线，捕捉第2个、第3个测量点，如图3-67所示。

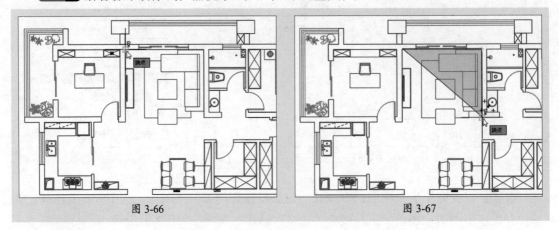

图 3-66   图 3-67

步骤 12 继续沿着墙体线捕捉下一个测量点，直到结束，如图3-68所示。

步骤 13 捕捉完毕后按回车键确认，系统会弹出提示，显示区域的面积和周长，如图3-69所示。

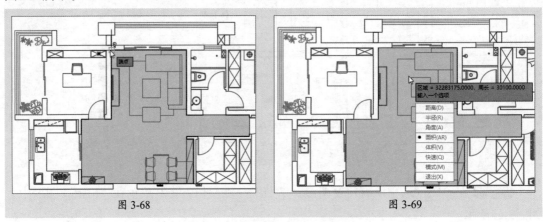

图 3-68   图 3-69

课后练习 | 绘制等边三角形

利用极轴追踪功能，绘制边长为300mm的等边三角形，如图3-70所示。

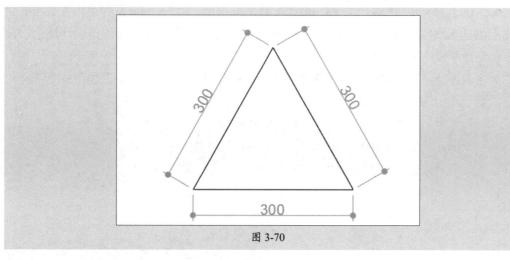

图 3-70

1. 技术要点

- 开启极轴追踪功能，并将增量角设置为60°。
- 执行"直线"命令，沿着60°角辅助虚线绘制300mm长的线段，完成三角形一条边的绘制。
- 按照同样方法，移动鼠标，并沿着辅助虚线绘制三角形的另外两条边，边长均为300mm。

2. 分步演示

本案例的分步演示效果如图3-71所示。

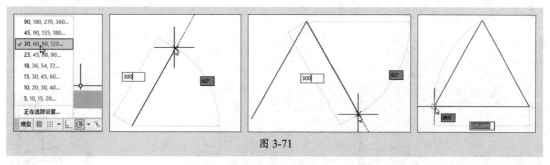

图 3-71

AutoCAD与3ds Max软件的关系

AutoCAD软件可快速准确地绘制出各类二维平面图纸，而3ds Max软件可以在二维平面的基础上创建三维空间效果，并结合灯光、材质、色彩等元素，将设计师的设计理念、设计构思、设计手段完美地呈现出来。

作为室内设计师，可结合这两款软件的优势，从而产生1+1>2的效果，如图3-72所示。

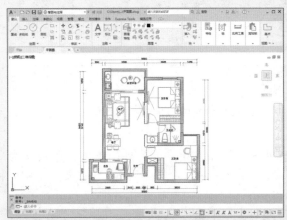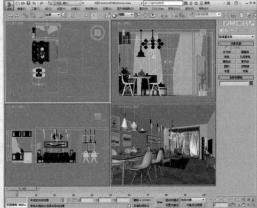

图 3-72

素材文件

第4章

简单室内图形的绘制

内容导读

　　看似复杂的二维图形其实都是利用无数个点和线段这两种基础图形组合成的，所以在学习绘图前，熟练掌握基础图形的绘制是很有必要的，如等分点、直线、矩形、圆和圆弧等。本章将对这些基础图形的绘制方法进行介绍。

思维导图

简单室内图形的控制

绘制圆

绘制圆弧

绘制椭圆　　　　　　绘制曲线

绘制样条曲线

绘制修订云线

绘制矩形

绘制多边形　　　　绘制矩形和多边形

设置点样式

绘制点　　　绘制单点和多点

绘制等分点

绘制直线段

绘制射线

绘制线段　　　绘制与编辑多线

绘制与编辑多段线

4.1 绘制点

AutoCAD中的点主要是用来捕捉定位的。例如，捕捉某条线段的中点、某个圆的圆心点等。用户可以使用多种方法创建点。下面将对绘制点的功能进行详细的介绍。

4.1.1 案例解析：利用等分点绘制正八边形

绘制正八边形的方法有很多，下面将利用定数等分命令来绘制正八边形。

步骤 01 打开"圆形"素材文件，在菜单栏中执行"格式"|"点样式"命令，打开"点样式"对话框，选择点样式，如图4-1所示。

步骤 02 在"绘图"选项组中单击"定数等分"按钮，根据提示选择圆形，如图4-2所示。

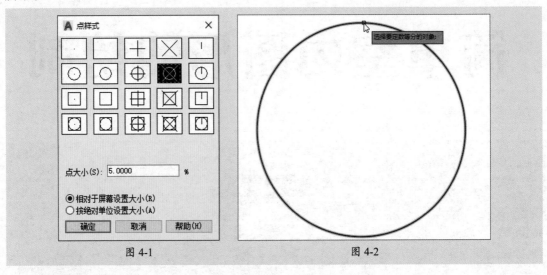

| 图 4-1 | 图 4-2 |

步骤 03 按回车键后，根据提示输入等分数8，如图4-3所示。

步骤 04 按回车键后完成定数等分操作，此时等分点会以设置的样式显示，如图4-4所示。

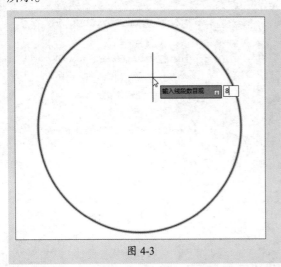
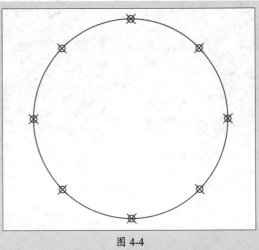

| 图 4-3 | 图 4-4 |

步骤05 执行"直线"命令，捕捉等分点绘制出八边形的八条边线，如图4-5所示。

步骤06 绘制完成后，删除所有等分点以及圆形。至此，正八边形绘制完成，效果如图4-6所示。

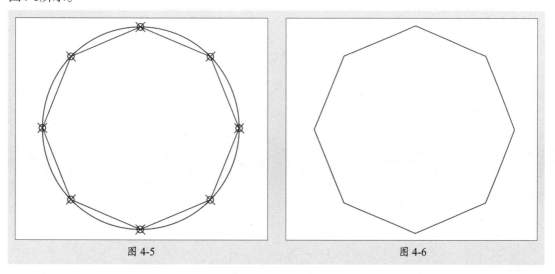

图 4-5　　　　　　　　　　　　　　　图 4-6

4.1.2　设置点样式

默认情况下，绘制的点几乎是看不见的，一般需要使用捕捉命令才可以捕捉到。在绘图中如果需要显示出点，那么就需对其样式及大小进行设置。在菜单栏中执行"格式"|"点样式"命令，打开"点样式"对话框，根据需要对点的样式、点大小进行设置，如图4-7所示。

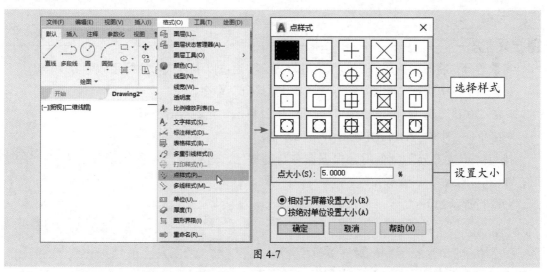

图 4-7

4.1.3　绘制单点和多点

在AutoCAD中，点可分为单点和多点两种类型。用户可以通过以下几种方式进行绘制。

- 在菜单栏中执行"绘图"|"点"|"单点（或多点）"命令。
- 在"默认"选项卡的"绘图"选项组中，单击"多点"按钮。

● 在命令行中输入POINT命令并按回车键。

执行"单点"或"多点"命令后，根据命令行的提示在所需位置处单击即可，如图4-8所示。在执行"多点"命令时，按Esc键可退出操作。

命令行提示如下：

命令：_point
当前点模式：PDMODE=35 PDSIZE=20.0000
指定点：（单击一次鼠标，绘制一个点）

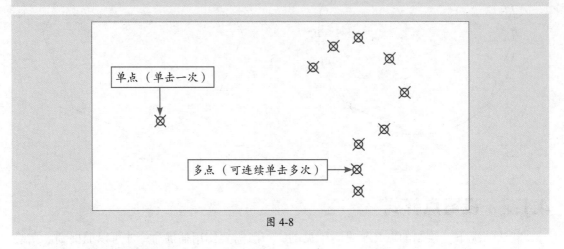

图 4-8

4.1.4 绘制等分点

单独绘制某个点的情况比较少，通常点命令是与"定数等分"和"定距等分"命令结合使用。

1. 定数等分

定数等分是将图形按照固定的数值进行等分。通过以下方式可执行定数等分操作。

● 在菜单栏中执行"绘图"|"点"|"定数等分"命令。
● 在"默认"选项卡的"绘图"选项组中，单击"定数等分"按钮 。
● 在命令行中输入DIVIDE命令并按回车键。

执行"定数等分"命令后，根据命令行的提示，选择要等分的图形并输入等分数即可，如图4-9所示。

命令行提示如下：

命令：_divide
选择要定数等分的对象：（选择需要等分的对象）
输入线段数目或 [块(B)]：5（输入等分参数，按回车键）

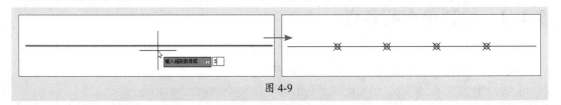

图 4-9

2. 定距等分

定距等分是从线段的一侧端点按照指定的距离进行等分。若线段长度不能被整除，则等分后的线段其最后一段要比其他段的长度短。通过以下方式可执行定距等分操作。

● 在菜单栏中执行"绘图"|"点"|"定距等分"命令。

● 在"默认"选型卡的"绘图"选项组中，单击"定距等分"按钮。

● 在命令行输入MEASURE命令并按回车键。

执行"定距等分"命令后，根据命令行的提示，选择等分图形，并输入距离值即可。图4-10所示是将总长为2000mm的线段，以600mm为一段进行等分的效果。

命令行提示如下：

```
命令: _measure
选择要定距等分的对象：（选择需要等分的对象）
指定线段长度或 [块(B)]: 600（输入等分距离，按回车键）
```

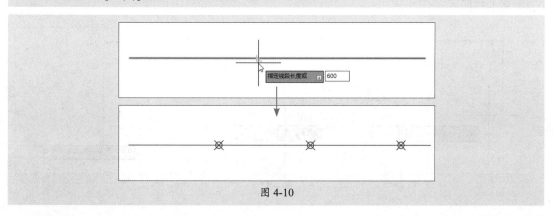

图 4-10

操作提示

无论是用"定数等分"还是"定距等分"命令进行操作，并不是将图形分成独立的几段，而是在相应的位置显示等分点，以辅助绘制其他图形。

4.2 绘制线段

线可分为直线、射线、多线、样条曲线等。根据用途不同，所使用的线型也就不同。下面将对这些线型的绘制方式进行介绍。

4.2.1 案例解析：利用多段线绘制箭头

箭头的绘制方法有很多种，这里将运用多段线功能来绘制箭头图形。

步骤 01 执行"多段线"命令，在绘图区指定多段线的起点，向上移动鼠标，并输入1000，按回车键，绘制一条1000mm的垂直线，如图4-11所示。

步骤 02 继续向左移动鼠标，输入600mm，按回车键。然后向下移动光标，输入400mm，按回车键，如图4-12所示。

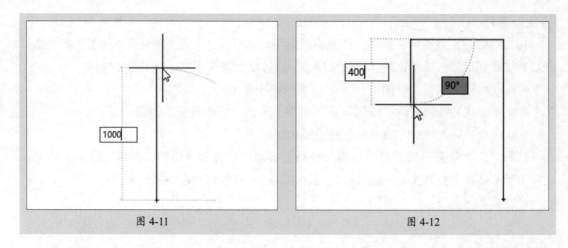

图 4-11   图 4-12

步骤 03 在命令行中输入W，按回车键，并将线段起点宽度设置为80，端点宽度设置为0，如图4-13所示。

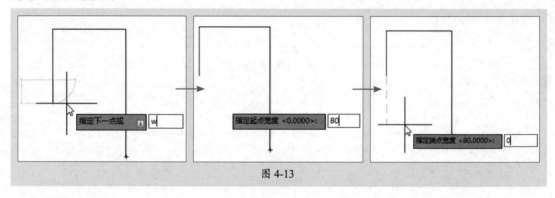

图 4-13

步骤 04 按回车键确认，继续向下移动鼠标，输入线段长度为100mm，如图4-14所示。

步骤 05 再按回车键确认，完成箭头图形的绘制，如图4-15所示。

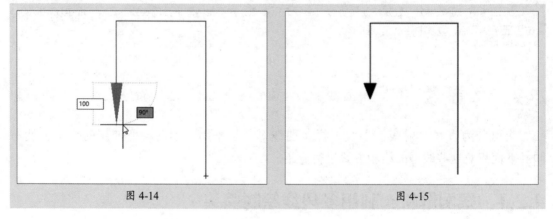

图 4-14   图 4-15

4.2.2 绘制直线段

线段是最简单，也是最常用的图形对象。线段既可以是独立的一条线段，也可以是一组首尾相连的线段。线段的绘制方法比较简单，指定线段的起点，并输入线段长度值，按两次回车键即可完成线段的绘制。用户可以通过以下方式绘制线段。

- 在菜单栏中执行"绘图"|"直线"命令。
- 在"默认"选项卡的"绘图"选项组中单击"直线"按钮 ☐。
- 在命令行中输入L快捷命令，并按回车键。

执行"直线"命令后，根据命令行的提示信息来完成线段的绘制。

命令行提示如下：

命令: _line
指定第一个点: (指定线段的起点)
指定下一点或 [放弃(U)]: 200 (移动鼠标，输入线段长度，按回车键)
指定下一点或 [放弃(U)]: (按回车键结束绘制)

4.2.3　绘制射线

射线是指从一端点出发向某个方向一直延伸的直线。射线是只有起始点而没有终点的线段。在执行"射线"命令后，指定好射线的起点，再指定射线的通过点即可绘制一条射线，如图4-16和图4-17所示。按Esc键可退出射线命令。通过以下方式可调用"射线"命令。

- 在菜单栏中执行"绘图"|"射线"命令。
- 在"默认"选项卡的"绘图"选项组中单击下拉按钮 绘图▼ ，在弹出的下拉列表中单击"射线"按钮 ☐。
- 在命令行中输入RAY命令并按回车键。
- 在命令行中输入L快捷命令，并按回车键。

执行"射线"命令，根据命令行的提示信息来完成射线的绘制。

命令行提示如下：

命令: _ray
指定起点: (指定射线起点)
指定通过点: <正交 关> (指定某个方向上的点)

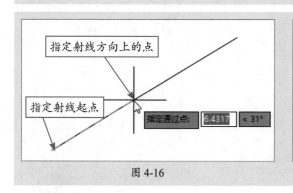

指定射线方向上的点

指定射线起点

指定通过点: 6.4317 < 31°

图 4-16

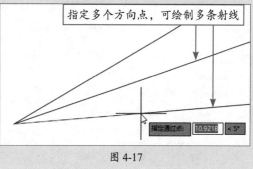

指定多个方向点，可绘制多条射线

指定通过点: 10.9218 < 5°

图 4-17

操作提示

构造线与射线类似，同样指定好构造线的起点和延伸方向上的一点即可绘制一条构造线。构造线与射线的区别在于，构造线是向两端无限延伸的直线，而射线是仅向一端无限延伸的直线。

4.2.4 绘制与编辑多线

多线是由多条平行线组成的图形，并且平行线的数目和之间的间距是可以设置的。多线主要用于绘制平面图中的墙体、窗户图形。在绘制多线时，可以先对多线样式进行设置。

1. 设置多线样式

在菜单栏中执行"格式"|"多线样式"命令，即可打开"多线样式"对话框。在此，可对样式进行新建或修改操作，如图4-18所示。

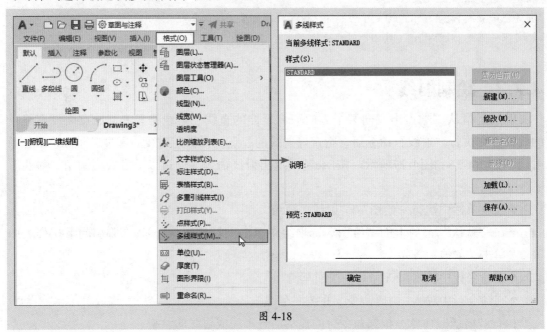

图 4-18

在"多线样式"对话框中单击"新建"按钮，新建样式名，并打开新建多线样式对话框，对平行线的间距、数量、封口方式进行设置，如图4-19所示。

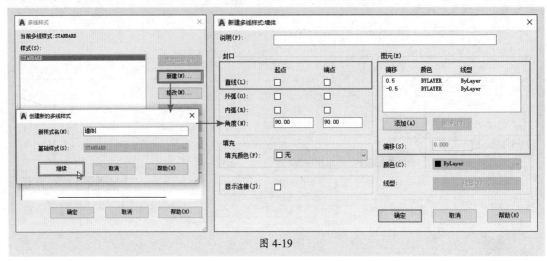

图 4-19

系统默认的平行线间距为0.5和-0.5，用户可对该值进行设置。在"图元"选项组中选择0.5参数后，在"偏移"文本框中输入所需值，例如输入120。再选择-0.5，并在"偏移"

文本框中输入-120即可。如果要添加其他平行线，可单击"添加"按钮进行添加，如图4-20所示。

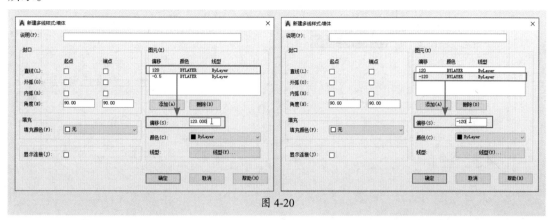

图 4-20

设置完成后，单击"确定"按钮，返回到上一层对话框，单击"置为当前"按钮，将其样式设置为当前使用样式，如图4-21所示。

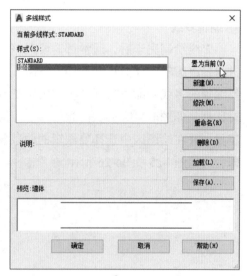

图 4-21

②. 绘制多线

设置多线样式后，接下来可在命令行中输入ML，调用"多线"命令进行绘制。在绘制过程中，用户可根据命令行的提示信息进行操作，如图4-22和图4-23所示。

命令行提示如下：

```
命令: ML
当前设置: 对正＝上，比例＝1.00，样式＝墙体
指定起点或 [对正(J)/比例(S)/样式(ST)]: J（选择多线对齐方式）
输入对正类型 [上(T)/无(Z)/下(B)] <上>: Z（选择"无"选项）
当前设置: 对正＝无，比例＝1.00，样式＝墙体
指定起点或 [对正(J)/比例(S)/样式(ST)]:（指定多线的起点）
指定下一点:（移动鼠标，绘制多线）
指定下一点或 [放弃(U)]:（按回车键，结束绘制）
```

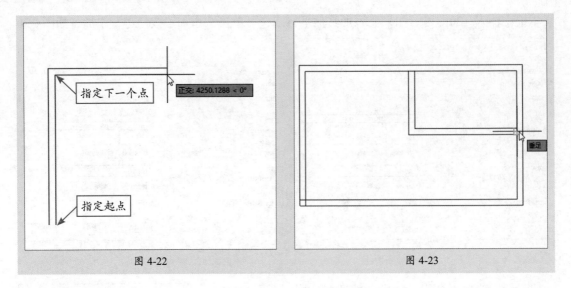

图 4-22   图 4-23

3. 编辑多线

多线绘制完毕后，通常都需要对该多线
进行修改编辑，才能达到预期的效果。双击
要编辑的多线，即可打开"多线编辑工具"
对话框，如图4-24所示。在此选择一个编辑
工具，并在绘图区中选择要编辑的两条多线
即可，如图4-25和图4-26所示。

图 4-24

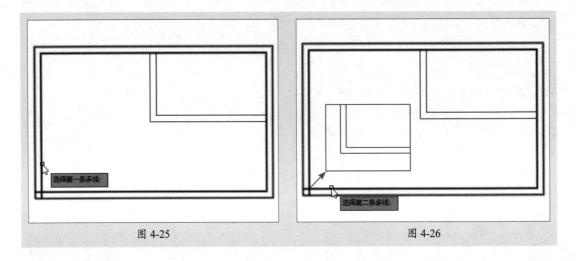

图 4-25   图 4-26

4.2.5 绘制与编辑多段线

多段线是由首尾相连的直线或圆弧曲线组成的，在直线和圆弧曲线之间可以自由切换。用户可以设置多段线的宽度，也可以为不同的线段设置不同的线宽。此外，还可以设置线段的始末端点具有不同的线宽。

1. 绘制多段线

默认情况下，当指定了多段线另一端点的位置后，将从起点到该点绘制出一条多段线。通过以下方式可调用多线段命令。

- 在菜单栏中执行"绘图"|"多段线"命令。
- 在"默认"选项卡的"绘图"选项组中单击"多段线"按钮 ⟂。
- 在命令行中输入PL快捷命令，并按回车键。

执行"多段线"命令后，根据命令行的提示就可以进行多段线的绘制操作。

命令行提示如下：

```
命令: _Pline
指定起点: (指定多段线的起点)
当前线宽为 0.0000
指定下一个点或 [圆弧(A)/半宽(H)/长度(L)/放弃(U)/宽度(W)]: 500 (下一点距离值)
指定下一点或 [圆弧(A)/闭合(C)/半宽(H)/长度(L)/放弃(U)/宽度(W)]:
```

在绘制过程中，如果需要改变线宽，可在命令行中输入W快捷命令，按回车键，并设置好起点宽度和端点宽度即可。

命令行提示如下：

```
命令: _PLINE
指定起点: (指定多段线起点)
当前线宽为 0.0000
指定下一个点或 [圆弧(A)/半宽(H)/长度(L)/放弃(U)/宽度(W)]: w (选择"宽度"选项)
指定起点宽度 <0.0000>: 100 (输入起点宽度)
指定端点宽度 <100.0000>: 100 (输入端点宽度)
指定下一个点或 [圆弧(A)/半宽(H)/长度(L)/放弃(U)/宽度(W)]: (指定下一点，或输入线段长度值)
```

多段线默认显示为直线，如果在绘制过程中需要改变线型，例如改变为弧线，那么只需在命令行中输入A，按回车键即可切换到弧线绘制状态，如图4-27所示。

命令行提示如下：

```
命令: _PLINE
指定起点:
当前线宽为 0.0000
指定下一个点或 [圆弧(A)/半宽(H)/长度(L)/放弃(U)/宽度(W)]: (指定多段线起点)
指定下一点或 [圆弧(A)/闭合(C)/半宽(H)/长度(L)/放弃(U)/宽度(W)]: a (选择"圆弧"选项，切换线型)
```

指定圆弧的端点(按住 Ctrl 键以切换方向)或

[角度(A)/圆心(CE)/闭合(CL)/方向(D)/半宽(H)/直线(L)/半径(R)/第二个点(S)/放弃(U)/宽度(W)]:（指定圆弧的一个端点）

指定圆弧的端点(按住 Ctrl 键以切换方向)或

[角度(A)/圆心(CE)/闭合(CL)/方向(D)/半宽(H)/直线(L)/半径(R)/第二个点(S)/放弃(U)/宽度(W)]:（指定第二个圆弧的端点）

指定圆弧的端点(按住 Ctrl 键以切换方向)或

[角度(A)/圆心(CE)/闭合(CL)/方向(D)/半宽(H)/直线(L)/半径(R)/第二个点(S)/放弃(U)/宽度(W)]: l（选择"直线"选项，切换线型）

指定下一点或 [圆弧(A)/闭合(C)/半宽(H)/长度(L)/放弃(U)/宽度(W)]:（指定直线的端点）

指定下一点或 [圆弧(A)/闭合(C)/半宽(H)/长度(L)/放弃(U)/宽度(W)]:（按回车键，结束绘制）

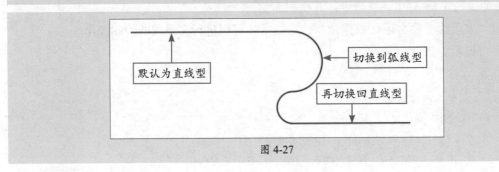

图 4-27

操作提示

　　多段线与直线是有区别的，直线是线与线端点相连，是由多条线段组合而成的（见图4-28）。而多段线绘制完成后，它是一条完整的线段，如图4-29所示。另外，多段线可以改变线宽，使端点和尾点的粗细不同，这是直线绝对不可能做到的。

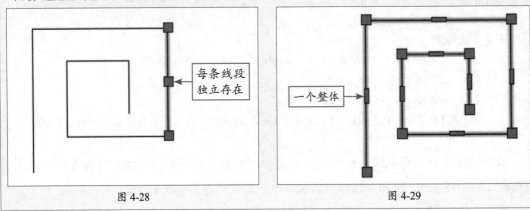

图 4-28　　　　　　　　　　　　　　　图 4-29

2. 编辑多段线

　　在绘制过程中可以通过闭合、打开、移动、添加或删除单个顶点等功能来对多段线进行编辑操作。通过以下方式可编辑多段线。

● 在菜单栏中执行"修改"|"对象"|"多段线"命令。

● 用鼠标双击多段线图形对象。

● 在命令行中输入PEDIT命令并按回车键。

执行"修改"|"对象"|"多段线"命令，选择要编辑的多段线，就会弹出一个多段线编辑菜单。选择一条多段线和选择多条多段线弹出的快捷菜单选项并不相同，如图4-30所示。

闭合(C)	闭合(C)
合并(J)	打开(O)
宽度(W)	合并(J)
编辑顶点(E)	宽度(W)
拟合(F)	拟合(F)
样条曲线(S)	样条曲线(S)
非曲线化(D)	非曲线化(D)
线型生成(L)	线型生成(L)
反转(R)	反转(R)
放弃(U)	放弃(U)

图 4-30

4.3 绘制矩形和多边形

矩形和多边形是基本的几何图形。其中，多边形包括三角形、四边形、五边形和其他多边形等。

4.3.1 案例解析：绘制子母门平面图形

下面将利用矩形命令来绘制一组子母门平面图形。

步骤 01 执行"矩形"命令，根据命令行提示设定好矩形的起点，向下移动光标，并在命令行中输入D快捷命令，按回车键，如图4-31所示。

步骤 02 指定矩形长度为40，指定矩形宽度为900，如图4-32所示。

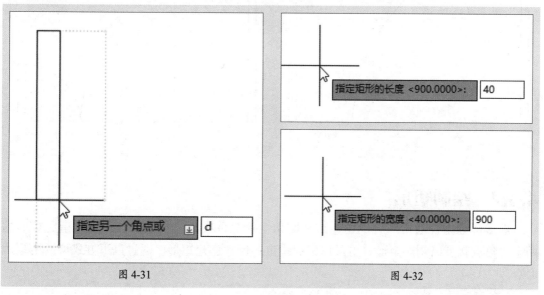

指定另一个角点或 d

指定矩形的长度 <900.0000>: 40

指定矩形的宽度 <40.0000>: 900

图 4-31   图 4-32

步骤 03 输入完成后，按回车键，并单击绘图区任意一点，绘制矩形，如图4-33所示。

步骤 04 执行"直线"命令，捕捉矩形右下角的角点为直线的起点，向右绘制一条长

900mm的线段，如图4-34所示。

步骤 05 执行"弧线"命令，捕捉矩形上方的两个角点以及直线的端点，绘制弧线，如图4-35所示。

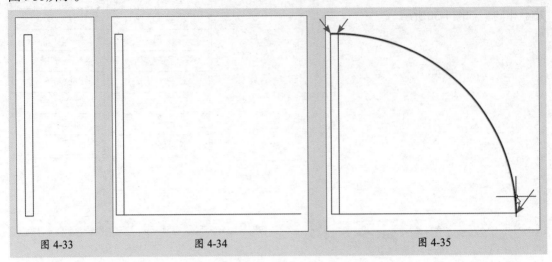

图 4-33   图 4-34   图 4-35

步骤 06 执行"矩形"命令，按照同样的方法绘制一个长40mm，宽300mm的小矩形。执行"直线"命令，绘制一条长300mm的线段，并放置在小矩形下方，如图4-36所示。

步骤 07 执行"弧线"命令，捕捉小矩形上方的两个角点以及300mm线段的端点，绘制弧线，完成子母门平面图的绘制，效果如图4-37所示。

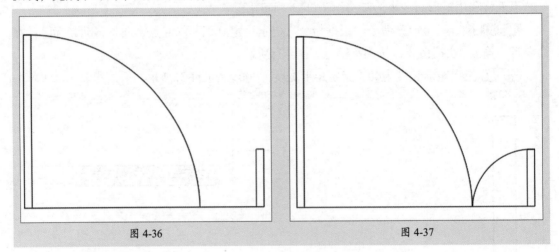

图 4-36   图 4-37

4.3.2 绘制矩形

矩形可分为普通矩形、倒角矩形和圆角矩形三种类型。在绘图区中随意指定矩形的两个对角点就可以创建矩形，也可以根据指定的尺寸创建矩形。通过以下方式可调用矩形命令。

- 在菜单栏中执行"绘图"|"矩形"命令。
- 在"默认"选项卡的"绘图"选项组中单击"矩形"按钮 ▱ 。
- 在命令行中输入REC快捷命令，按回车键。

1. 普通矩形

在"默认"选项卡的"绘图"面板中单击"矩形"按钮。在任意位置指定第一个角点，再根据命令行提示输入D，按回车键，指定矩形的长度和宽度均为800mm，按回车键，然后单击鼠标左键即可绘制一个长800mm，宽800mm的矩形，如图4-38所示。

命令行提示如下：

```
命令: _rectang
指定第一个角点或 [倒角(C)/标高(E)/圆角(F)/厚度(T)/宽度(W)]: （指定矩形起点）
指定另一个角点或 [面积(A)/尺寸(D)/旋转(R)]: d （选择"尺寸"选项）
指定矩形的长度 <800.0000>: 800 （输入长度值）
指定矩形的宽度 <800.0000>: 800 （输入宽度值）
指定另一个角点或 [面积(A)/尺寸(D)/旋转(R)]:
```

2. 倒角矩形

执行"绘图"|"矩形"命令，根据命令行提示输入C，设定两个倒角距离均为80，再指定矩形的长度和宽度均为800mm，单击鼠标左键即可绘制倒角矩形，如图4-39所示。

命令行提示如下：

```
命令: _rectang
当前矩形模式: 倒角=80.0000 x 60.0000
指定第一个角点或 [倒角(C)/标高(E)/圆角(F)/厚度(T)/宽度(W)]: c （选择"倒角"选项）
指定矩形的第一个倒角距离 <80.0000>: 80 （输入两个倒角距离）
指定矩形的第二个倒角距离 <60.0000>: 80
指定第一个角点或 [倒角(C)/标高(E)/圆角(F)/厚度(T)/宽度(W)]: （指定矩形起点）
指定另一个角点或 [面积(A)/尺寸(D)/旋转(R)]: d （选择"尺寸"选项）
指定矩形的长度 <10.0000>: 800 （输入矩形的长度值）
指定矩形的宽度 <10.0000>: 800 （输入矩形的宽度值）
指定另一个角点或 [面积(A)/尺寸(D)/旋转(R)]:
```

3. 圆角矩形

执行"矩形"命令后按回车键，根据命令行提示输入F命令，将圆角半径设置为100，然后指定好矩形的长、宽值即可完成圆角矩形的绘制，如图4-40所示。

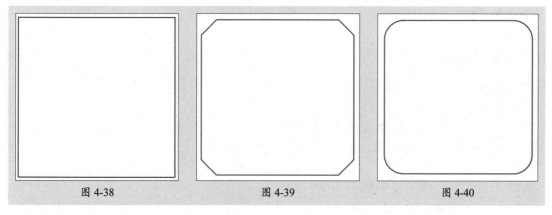

图 4-38　　　　　　　　图 4-39　　　　　　　　图 4-40

命令行提示如下：

命令: _rectang
指定第一个角点或 [倒角(C)/标高(E)/圆角(F)/厚度(T)/宽度(W)]: f（选择"圆角"选项）
指定矩形的圆角半径 <0.0000>: 100（设置圆角半径值）
指定第一个角点或 [倒角(C)/标高(E)/圆角(F)/厚度(T)/宽度(W)]:（指定矩形起点）
指定另一个角点或 [面积(A)/尺寸(D)/旋转(R)]:（指定矩形对角点）

4.3.3　绘制多边形

多边形是指由三条或三条以上长度相等的线段组成的闭合图形。默认情况下，多边形的边数为4。绘制多边形时分为内接圆和外接圆两种方式，内接圆就是多边形在一个虚构的圆外，外接圆也就是多边形在一个虚构的圆内。通过以下方式可调用多边形命令。

- 在菜单栏中执行"绘图"|"多边形"命令。
- 在"默认"选项卡的"绘图"选项组中单击"矩形"下拉按钮　，在弹出的列表中单击"多边形"按钮　。
- 在命令行中输入POLYGON命令并按回车键。

1. 内接于圆

执行"多边形"命令后，根据命令行的提示设置多边形的边数、内切和半径。设置完成后效果如图4-41所示。

命令行提示如下：

命令: _polygon
输入侧面数 <4>: 5（输入边数值）
指定正多边形的中心点或 [边(E)]:（指定圆心点）
输入选项 [内接于圆(I)/外切于圆(C)] <I>: I（选择"内接于圆"选项）
指定圆的半径: 300（输入圆半径值，按回车键）

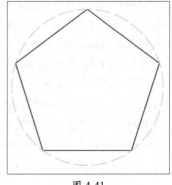

图 4-41

2. 外切于圆

多边形外切于圆的绘制方法与绘制内接于圆相似，只是在选择"输入选项"时，选择"外切于圆"选项即可，如图4-42所示。

命令行提示如下：

命令: _polygon
输入侧面数 <4>: 5（输入边数值）
指定正多边形的中心点或 [边(E)]:（指定圆心点）
输入选项 [内接于圆(I)/外切于圆(C)] <I>: C（选择"外切于圆"选项）
指定圆的半径: 300（输入圆半径值，按回车键）

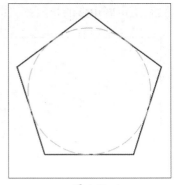

图 4-42

4.4　绘制曲线

曲线的类型有很多，其中圆、圆弧、样条曲线、云线这四种曲线较为常用。下面将着重对这些曲线的绘制方法进行详细介绍。

4.4.1　案例解析：绘制台灯平面图形

下面将以绘制台灯平面图块为例来介绍圆命令的绘制方法。

步骤01 执行"圆"命令，在绘图区中指定好圆心点，移动光标输入圆半径为50mm，如图4-43所示。按回车键，完成圆形的绘制。

步骤02 执行"直线"命令，捕捉圆心点，向右移动光标并输入线段长度为100mm，绘制直线，如图4-44所示。

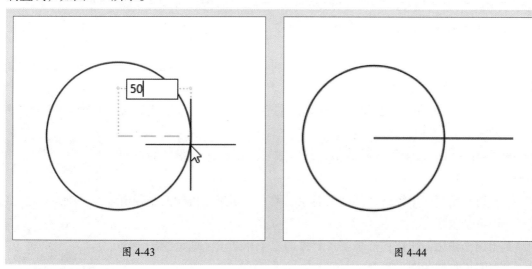

图 4-43　　　　　　　　　　　　　　图 4-44

步骤03 继续执行"直线"命令，捕捉圆心点，向左移动光标，绘制一条长100mm的线段，如图4-45所示。

步骤04 用同样的方法，绘制两条垂直的线段，线段长度均为100mm，如图4-46所示。

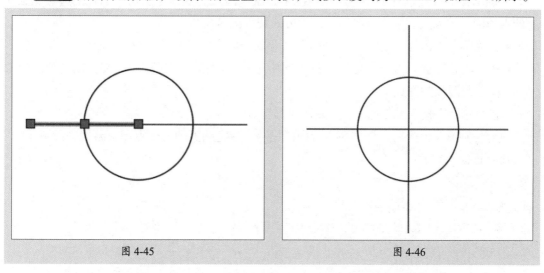

图 4-45　　　　　　　　　　　　　　图 4-46

4.4.2　绘制圆

在AutoCAD中绘制圆的方法有很多，比较常用的是通过指定圆形半径来绘制圆。用户可通过以下方式调用"圆"命令。

- 在菜单栏中执行"绘图"|"圆"命令的子命令。
- 在"默认"选项卡的"绘图"选项组中单击"圆"下拉按钮，在弹出的列表中选择绘制圆的方式。
- 在命令行中输入C快捷命令，并按回车键。

执行"圆"命令后，根据命令行提示，指定圆心点以及半径即可绘制圆。

命令行提示如下：

```
命令: _circle
指定圆的圆心或 [三点(3P)/两点(2P)/切点、切点、半径(T)]: （指定圆心点）
指定圆的半径或 [直径(D)]: 200 （输入半径参数）
```

单击"圆"下拉按钮，在打开的列表中可选择其他几种创建圆的方式，如图4-47所示。

- **圆心，半径/直径**：在绘图区先确定圆心，然后输入半径或者直径值即可。
- **两点/三点**：在绘图区随意指定两点或三点或者捕捉图形的点即可绘制圆。
- **相切，相切，半径**：选择图形对象的两个相切点，再输入半径值即可绘制圆。
- **相切，相切，相切**：选择图形对象的三个相切点，即可绘制一个与图形相切的圆。

图 4-47

4.4.3　绘制圆弧

绘制圆弧的方法也有很多，默认情况下，绘制圆弧需要指定三点：圆弧的起点、圆弧上的点和圆弧的端点。用户可以通过以下方式调用圆弧命令。

- 在菜单栏中执行"绘图"|"圆弧"命令的子命令。
- 在"默认"选项卡的"绘图"选项组中单击"圆弧"下拉按钮，在弹出的列表中选择绘制圆弧的方式。
- 在命令行中输入A快捷命令，并按回车键。

执行"圆弧"命令后，根据命令行中的提示，指定圆弧的三个点即可绘制一段圆弧。

命令行提示如下：

```
命令: _arc
指定圆弧的起点或 [圆心(C)]: （指定起点）
指定圆弧的第二个点或 [圆心(C)/端点(E)]: （指定第2个点）
指定圆弧的端点: （指定终点）
```

圆弧的方向有顺时针和逆时针之分。默认情况下，系统按照逆时针方向绘制圆弧。因此，在绘制圆弧时一定要注意圆弧起点和端点的相对位置，否则有可能导致所绘制的圆弧与预期圆弧的方向相反。

单击"圆弧"下拉按钮，在打开的列表中可选择其他几种创建弧线的方式，如图4-48所示。

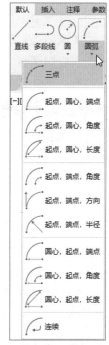

图 4-48

- **三点**：通过指定三个点来创建一条圆弧曲线。第一个点为圆弧的起点，第二个点为圆弧上的点，第三个点为圆弧的端点。
- **起点，圆心，端点**：指定圆弧的起点、圆心和端点绘制。
- **起点，圆心，角度**：指定圆弧的起点、圆心和角度绘制。在输入角度值时，若当前环境设置的角度方向为逆时针方向，且输入的角度值为正，则从起始点绕圆心沿逆时针方向绘制圆弧；若输入的角度值为负，则沿顺时针方向绘制圆弧。
- **起点，圆心，长度**：指定圆弧的起点、圆心和长度绘制圆弧。所指定的弦长不能超过起点到圆心距离的两倍。如果弦长为负值，则该值的绝对值将作为对应整圆的空缺部分圆弧的弦长。
- **圆心，起点命令组**：指定圆弧的圆心和起点后，再根据需要指定圆弧的端点、角度或长度即可绘制。
- **连续**：使用该方法绘制的圆弧将与最后一个创建的对象相切。

4.4.4 绘制椭圆

椭圆有长半轴和短半轴之分，长半轴与短半轴决定了椭圆曲线的形状。椭圆的绘制方法有3种，比较常用的是通过圆心方式来绘制。通过以下方法可调用椭圆命令。

- 在菜单栏中执行"绘图"|"椭圆"|"圆心"命令。
- 在"默认"选项卡的"绘图"选项组中单击"圆心"下拉按钮，在弹出的列表中单击"圆心"按钮、"轴，端点"按钮或"椭圆弧"按钮。
- 在命令行中输入ELLIPSE命令，按回车键。

执行"圆心"命令后，用户可根据命令行的提示，先指定椭圆的圆心位置，然后指定椭圆的长半轴，再指定椭圆的短半轴即可。

命令行提示如下：

```
命令: _ellipse
指定椭圆的轴端点或 [圆弧(A)/中心点(C)]: _c
指定椭圆的中心点:（指定椭圆中心位置）
指定轴的端点:（指定椭圆长半轴长度）
指定另一条半轴长度或 [旋转(R)]:（指定椭圆短半轴长度）
```

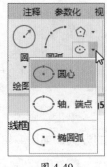

单击"圆心"下拉按钮，在其列表中可选择其他几种创建椭圆的方式，如图4-49所示。

- **圆心**：通过指定椭圆的圆心、长半轴的端点、短半轴的端点绘制椭圆。
- **轴，端点**：在绘图区域直接指定椭圆一条轴的两个端点，再输入另一条半轴的长度绘制椭圆。
- **椭圆弧**：椭圆的部分弧线。指定圆弧的起止角和终止角，即可绘制椭圆弧。

图 4-49

4.4.5 绘制样条曲线

样条曲线是经过或接近影响曲线形状的一系列点的平滑曲线。通过以下方式调用样条曲线命令。

- 在菜单栏中执行"绘图"|"样条曲线"|"拟合点"/"控制点"命令。
- 在"默认"选项卡的"绘图"选项组中单击"样条曲线拟合"按钮 ⬒ 或"样条曲线控制点"按钮 ⬒。
- 在命令行中输入SPLINE命令并按回车键。

执行"样条曲线"命令后，用户可根据命令行的提示，依次指定起点、中间点和终点，即可绘制出样条曲线。

命令行提示如下：

```
命令:_SPLINE
当前设置: 方式=拟合  节点=弦
指定第一个点或 [方式(M)/节点(K)/对象(O)]: _M
输入样条曲线创建方式 [拟合(F)/控制点(CV)] <拟合>: _FIT
当前设置: 方式=拟合  节点=弦
指定第一个点或 [方式(M)/节点(K)/对象(O)]: （指定起点）
输入下一个点或 [起点切向(T)/公差(L)]: （指定下一点，直到结束）
输入下一个点或 [端点相切(T)/公差(L)/放弃(U)]: （按回车键，完成绘制）
输入下一个点或 [端点相切(T)/公差(L)/放弃(U)/闭合(C)]:
```

绘制样条曲线有样条曲线拟合和样条曲线控制点两种方式。图4-50所示为拟合绘制的曲线，图4-51所示为控制点绘制的曲线。

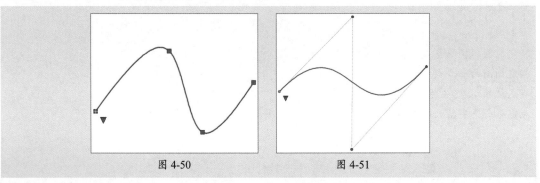

图 4-50   图 4-51

4.4.6　绘制修订云线

修订云线是由连续圆弧组成的多段线，用于在检查阶段提醒用户注意图形的某个部分，分为矩形修订云线、多边形修订云线以及徒手画三种绘图方式。在检查或用红线圈阅图形时，可以使用修订云线功能亮显标记以提高工作效率。通过以下方式调用修订云线命令。

- 在菜单栏中执行"绘图"|"修订云线"命令。
- 在"默认"选项卡的"绘图"选项组中单击"修订云线"下拉按钮，在弹出的下拉列表中选择绘制修订云线的方式。
- 在命令行中输入REVCLOUD命令并按回车键。

在执行"矩形修订云线"命令后，可以根据命令行中的提示信息进行绘制操作，如图4-52所示。

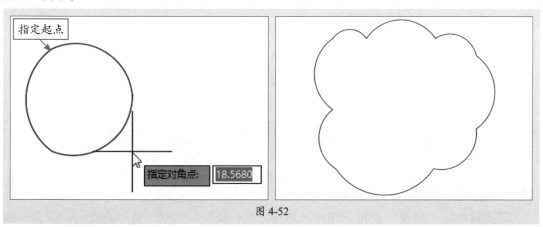

图 4-52

命令行提示如下：

```
命令: _revcloud
最小弧长: 5  最大弧长: 10  样式: 普通  类型: 矩形
指定第一个角点或 [弧长(A)/对象(O)/矩形(R)/多边形(P)/徒手画(F)/样式(S)/修改(M)] <对象>: _R
指定第一个角点或 [弧长(A)/对象(O)/矩形(R)/多边形(P)/徒手画(F)/样式(S)/修改(M)] <对象>: a （选择"弧长"选项）
指定最小弧长 <5>: 10 （设置最大弧长参数）
指定第一个角点或 [弧长(A)/对象(O)/矩形(R)/多边形(P)/徒手画(F)/样式(S)/修改(M)] <对象>: （指定矩形云线起点）
指定对角点: （指定矩形对角点）
```

操作提示

在绘制云线的过程中，可用鼠标单击沿途各点，也可以通过拖动鼠标自动生成，当开始点和结束点接近时云线会自动封闭，并提示"云线完成"，此时生成的对象是多段线。

课堂实战 绘制别墅墙体线

下面将以绘制别墅墙体线为例，来介绍室内平面图中墙线的绘制方法。

步骤 01 打开"墙体轴线"素材文件。在菜单栏中执行"格式"|"多线样式"命令，打开"多线样式"对话框，单击"新建"按钮，新建240墙样式，如图4-53所示。

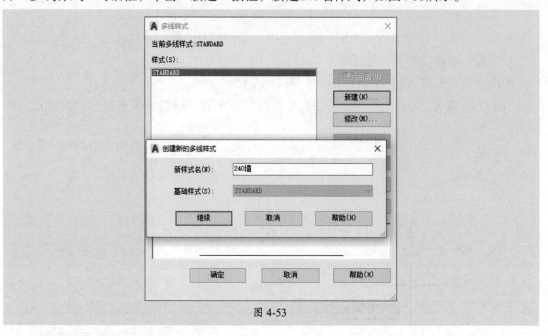

图 4-53

步骤 02 单击"继续"按钮，打开"新建多线样式"对话框，选中直线的"起点"和"端点"复选框，如图4-54所示。

图 4-54

步骤 03 单击"确定"按钮，返回上一层对话框，单击"置为当前"按钮，将当前多线样式设置为当前样式，如图4-55所示，关闭对话框。

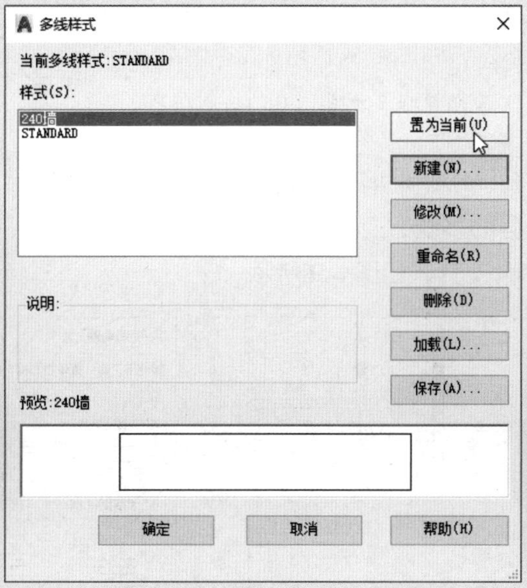

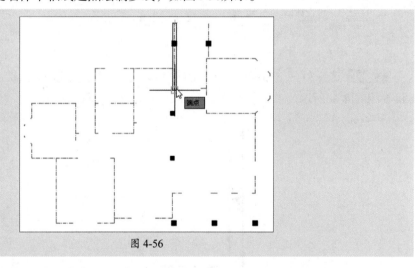

图 4-55

步骤 04　执行"多线"命令，根据命令行中的提示，将"对正"设置为"无"，将"比例"设置为240，捕捉墙体中轴线起点绘制多线，如图4-56所示。

图 4-56

命令行提示如下：

命令: _mline
当前设置: 对正 = 上，比例 = 20.00，样式 = 240墙
指定起点或 [对正(J)/比例(S)/样式(ST)]: j　（选择"对正"选项，按回车键）
输入对正类型 [上(T)/无(Z)/下(B)] <上>: Z　（选择"无"选项，按回车键）
当前设置: 对正 = 无，比例 = 20.00，样式 = 240墙
指定起点或 [对正(J)/比例(S)/样式(ST)]: s　（选择"比例"选项，按回车键）
输入多线比例 <20.00>: 240　（输入比例值240，按回车键）
当前设置: 对正 = 无，比例 = 240.00，样式 = 240墙

指定起点或 [对正(J)/比例(S)/样式(ST)]:

指定下一点: （捕捉轴线起点）

指定下一点或 [放弃(U)]: （捕捉轴线下一点，直到绘制结束）

步骤 05 继续沿着墙轴线绘制外墙体，直到结束，如图4-57所示。

步骤 06 双击需要修剪的多线，打开"多线编辑工具"对话框，选择合适的编辑工具。这里选择"T形合并"编辑工具，如图4-58所示。

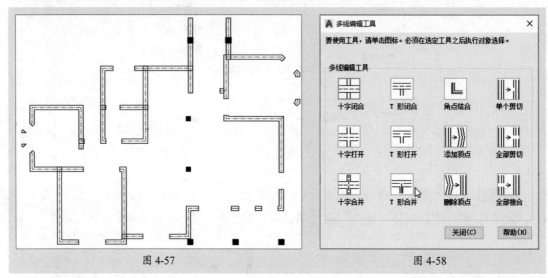

图 4-57　　　　　　　　　　　　　图 4-58

步骤 07 选择好后，根据命令行的提示，选择两条要修剪的多线即可修剪多线，如图4-59和图4-60所示。

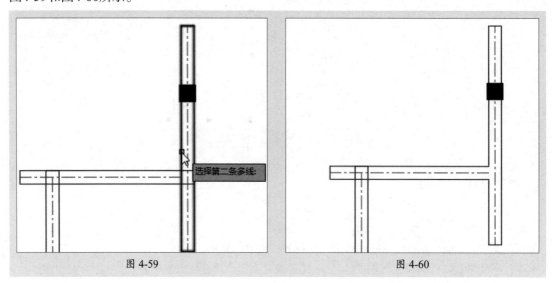

图 4-59　　　　　　　　　　　　　图 4-60

步骤 08 继续选择要修剪的多线，完成其他多线的修剪操作，效果如图4-61所示。

步骤 09 执行"多线样式"命令，新建"窗"样式，将"基础样式"设置为默认样式，如图4-62所示。

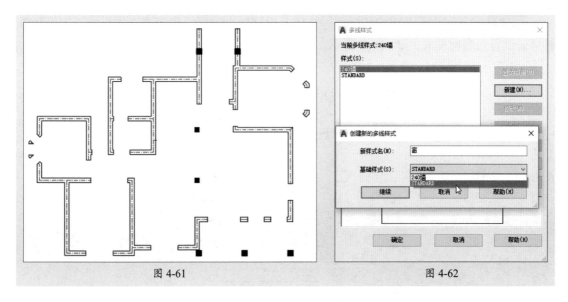

图 4-61   图 4-62

步骤 10 单击"继续"按钮，在打开的"新建多线样式"对话框中将"图元"的偏移值分别设置为120和-120，如图4-63所示。

步骤 11 单击"添加"按钮，添加两条平行线，并将其偏移值分别设置为60和-60，如图4-64所示。

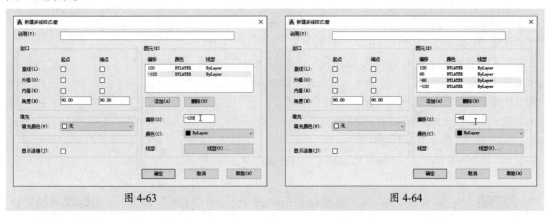

图 4-63   图 4-64

步骤 12 单击"颜色"下拉按钮，将所有平行线均设置为蓝色，如图4-65和图4-66所示。

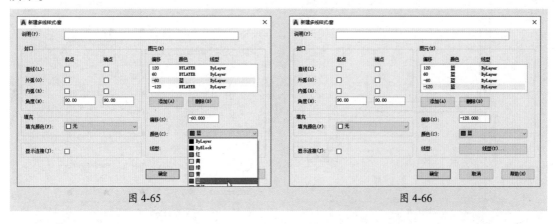

图 4-65   图 4-66

步骤 13 设置完成后，单击"确定"按钮，返回到上一层，单击"置为当前"按钮，将其样式设置为当前样式，如图4-67所示。

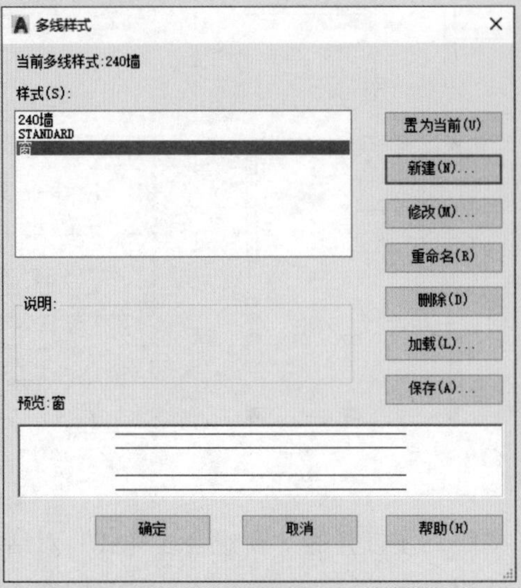

图 4-67

命令行提示信息如下：

命令: _mline
当前设置: 对正 = 无，比例 = 240.00，样式 = 窗
指定起点或 [对正(J)/比例(S)/样式(ST)]: s （选择"比例"选项，按回车键）
输入多线比例 <240.00>: 1 （输入比例值1，按回车键）
当前设置: 对正 = 无，比例 = 1.00，样式 = 窗
指定起点或 [对正(J)/比例(S)/样式(ST)]:
指定下一点: （捕捉窗洞起始点）
指定下一点或 [放弃(U)]: （捕捉窗洞端点，按回车键完成绘制）

步骤 14 执行"多线"命令，根据命令行的提示，将"比例"设为1，捕捉墙洞起始位置和终点位置，绘制窗户图形，如图4-68所示。

步骤 15 继续执行"多线"命令，完成其他窗户图形的绘制，如图4-69所示。

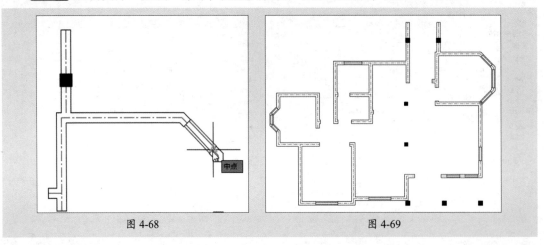

图 4-68　　　　　　　　　　　　　图 4-69

课后练习 绘制吧凳平面图形

本例将利用圆、圆弧、直线等工具来绘制吧凳平面图形，效果如图4-70所示。

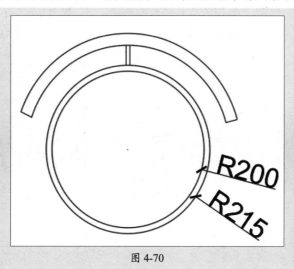

图 4-70

1. 技术要点

步骤 01 执行"圆"命令，根据图中的尺寸，绘制凳子轮廓线。

步骤 02 执行"圆弧（起点，圆心，端点）"和"直线"命令，绘制吧凳扶手图形。

2. 分步演示

本案例的分步演示效果如图4-71所示。

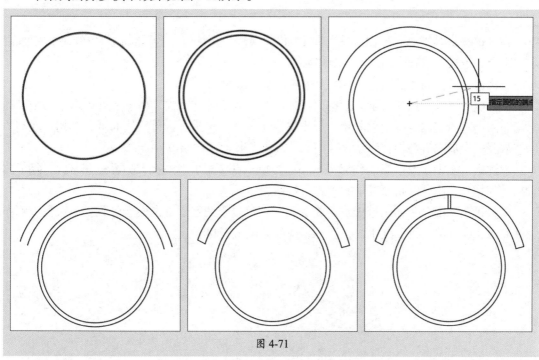

图 4-71

小户型如何增加储存空间

对于小户型，因为受制于面积的大小，往往没有更多的空间满足收纳需要，这就需要合理利用所有可储藏的区域，使其功能与装饰相结合，将空间最大化利用，如图4-72所示。

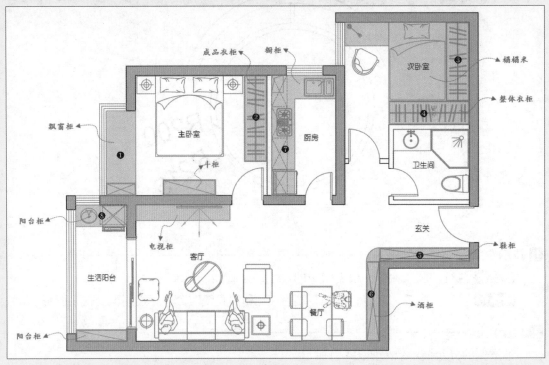

图 4-72

客厅区： 将鞋柜与酒柜做满墙，以半圆的造型作为衔接。采用储物柜+电视柜+书架+展示架组合的方式，既有收纳功能又更显整洁与时尚。

厨房区： 吊柜和地柜结合，冰箱上的空间也可以利用。

主卧区： 可以利用窗台下方的空间做储物柜，放置卧室杂物，飘窗上方可以做一个简约书架。依据室内空间量身定制衣柜，根据居室主人的需求进行内部空间布局，利用率较高。床尾放置一个成品五斗柜，用于存放内衣、袜子及其他一些杂物。

次卧区： 衣柜以及书桌制作成一个整体，集多重功能于一身。衣柜容量非常大，除了放置当季衣物外，还可以储存过季的衣物及被褥等。

阳台区： 在阳台一侧区域做成矮柜，用于存放过季的鞋子，也便于晾晒。阳台另一侧作为洗衣区，设置洗衣机和洗手盆，上方靠墙部分做吊柜和隔板。

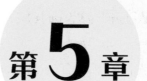

复杂室内图形的绘制

内容导读

在绘制图形时，通常是边绘图边修改，以确保图形的准确性，让图形更好地表达出设计师的想法和理念。本章将着重对图形的编辑工具进行介绍，其内容包含移动图形、复制图形、修改图形、图形填充等。

思维导图

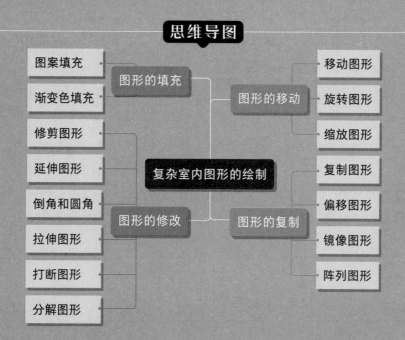

5.1 图形的移动

移动图形位置的方法很多，主要有简单移动图形、通过旋转移动图形、通过缩放移动图形等。下面将分别对这些常用移动工具进行介绍。

5.1.1 案例解析：调整休闲座椅图形

下面将对绘制好的休闲座椅图形进行调整，以使得图形效果更加和谐。

步骤 01 打开"休闲座椅"素材文件，可以发现当前座椅的大小与方桌不太和谐，需要对座椅进行调整，如图5-1所示。

步骤 02 执行"缩放"命令，按照命令行的提示，先选中座椅图形，然后按回车键，如图5-2所示。

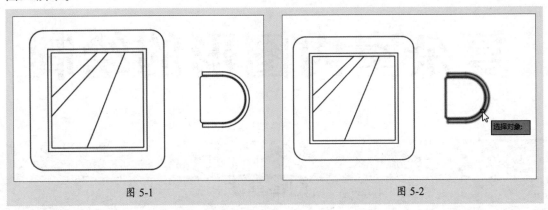

图 5-1   图 5-2

步骤 03 指定座椅中点为缩放基点，如图5-3所示。

步骤 04 移动鼠标，将比例因子设置为2，如图5-4所示。

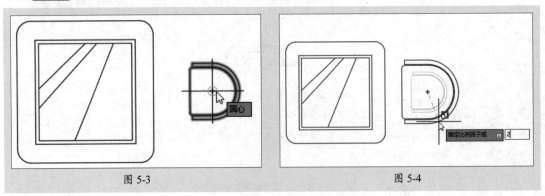

图 5-3   图 5-4

步骤 05 按回车键，此时座椅会按照设置的比例进行放大，如图5-5所示。

步骤 06 执行"旋转"命令，选中座椅图形，按回车键，指定座椅中心点为旋转基点，如图5-6所示。

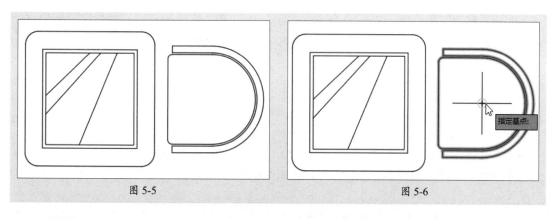

图 5-5

图 5-6

步骤 07 移动鼠标，并设置旋转角度为30，如图5-7所示。

步骤 08 按回车键，完成座椅的旋转操作，效果如图5-8所示。

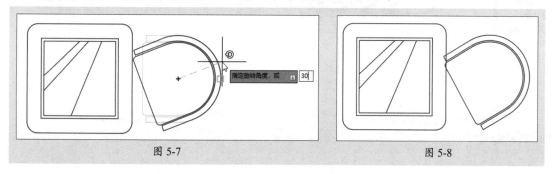

图 5-7

图 5-8

步骤 09 执行"移动"命令，指定座椅中心点为移动基点，向右移动鼠标至合适位置，如图5-9所示。

步骤 10 单击即可完成座椅图形的移动操作，如图5-10所示。

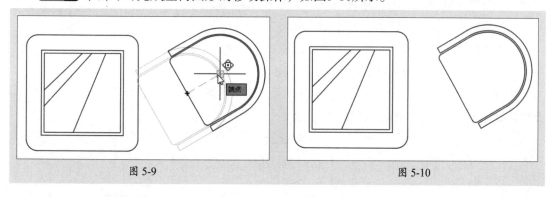

图 5-9

图 5-10

5.1.2 移动图形

移动图形是将图形从原有位置移动到新的位置，其图形大小和方向不会改变。通过以下方式可以调用移动命令。

● 在菜单栏中执行"修改"|"移动"命令。

● 在"默认"选项卡的"修改"选项组中单击"移动"按钮 ✛。

● 在命令行中输入M快捷命令并按回车键。

执行"移动"命令后，根据命令行的提示，选中需要移动的图形，并指定图形的移动基点，移动鼠标，捕捉新位置基点即可完成移动操作，如图5-11所示。

命令行提示如下：

```
命令: _move
选择对象: 找到 1 个（选择需移动的图形，按回车键）
选择对象:
指定基点或 [位移(D)] <位移>:（指定移动基点）
指定第二个点或 <使用第一个点作为位移>:（指定新位置的基点）
```

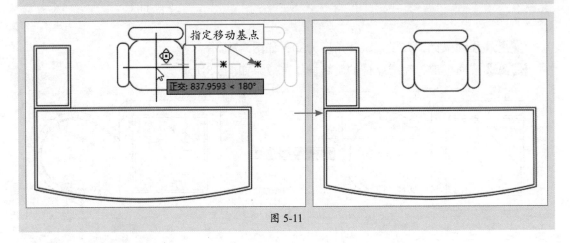

图 5-11

5.1.3 旋转图形

旋转图形是将图形按照一定的旋转角度进行旋转操作。正角度是按逆时针方向旋转，负角度是按顺时针方向旋转。通过以下方式可调用旋转命令。

- 在菜单栏中执行"修改"|"旋转"命令。
- 在"默认"选项卡的"修改"选项组中单击"旋转"按钮 C 。
- 在命令行中输入RO快捷命令并按回车键。

执行"旋转"命令后，根据命令行的提示，选择所需图形，并指定其旋转基点，输入旋转角度即可进行旋转操作，如图5-12所示。

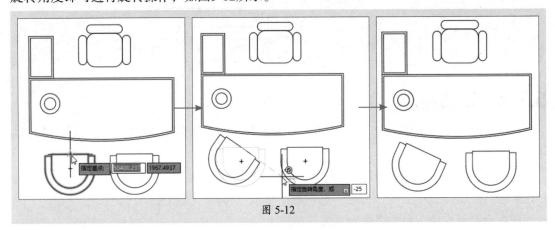

图 5-12

命令行提示如下：

操作提示

在进行旋转操作时，在命令行中输入C，按回车键，再输入旋转角度，即可将当前图形进行旋转复制操作。

5.1.4　缩放图形

在绘图过程中经常会遇到图形比例不合适的情况，这时就可以使用缩放工具来调整。缩放图形是将图形按照指定的缩放比例进行放大或缩小操作。通过以下方式可以调用缩放命令。

● 在菜单栏中执行"修改"|"缩放"命令。

● 在"默认"选项卡的"修改"选项组中单击"缩放"按钮 。

● 在命令行中输入SC快捷命令并按回车键。

在执行"缩放"命令后，根据命令行的提示，选中要缩放的图形，设定缩放的比例值即可，如图5-13所示。

命令行提示如下：

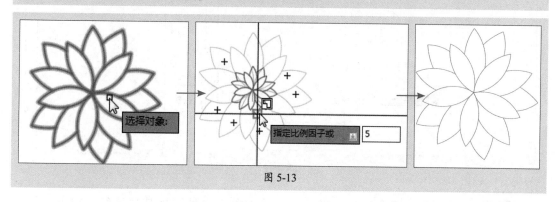

图 5-13

在输入缩放比例时，如果输入的数值大于1，则为放大操作；如果数值小于1，例如0.9、0.5、0.3等，则为缩小操作。

5.2 图形的复制

如果要绘制大量相同的图形，可以使用与复制相关的命令实现批量绘制操作。AutoCAD软件中复制图形的方法有很多种，比较常用的有简单复制、偏移复制、镜像复制、阵列复制。

5.2.1 案例解析：绘制玻璃门立面图形

下面将以绘制玻璃门立面图为例，来介绍常用复制类工具的使用方法。

步骤 01 执行"矩形"命令，绘制一个长2000mm、宽1600mm的矩形，如图5-14所示。

步骤 02 执行"分解"命令，选中矩形，按回车键，将矩形的四条边分解成独立的线段，如图5-15所示。

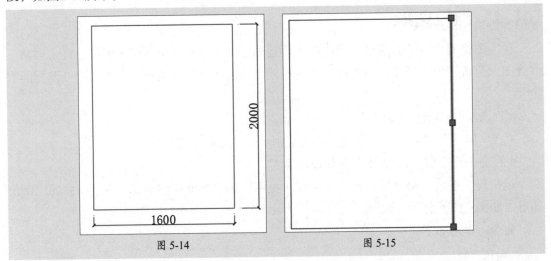

图 5-14　　　　　　　　　　　　　图 5-15

步骤 03 执行"偏移"命令，将偏移距离设置为150，选中矩形右侧边线，并在边线右侧空白处单击，将其边线向右进行偏移复制，如图5-16所示。

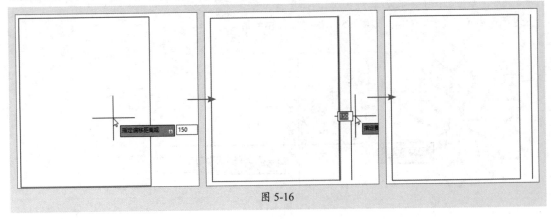

图 5-16

步骤 04 继续选择矩形上边线，并单击边线上方空白处，将其向外偏移150mm，如图5-17所示。

步骤 05 按照同样的方法，将矩形左侧边线再向左偏移150mm，如图5-18所示。

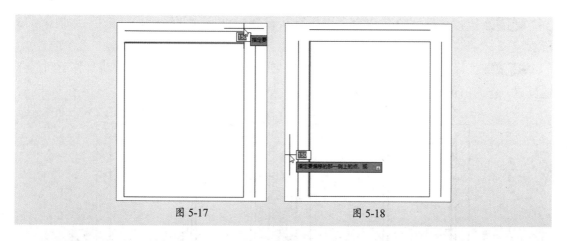

图 5-17   图 5-18

步骤 06 执行"倒圆角"命令，保持默认设置不变，选中偏移后的两条相互垂直的线段，将其相交，如图5-19所示。

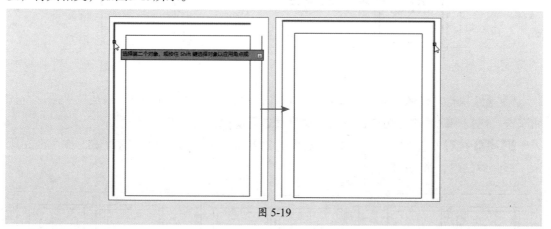

图 5-19

步骤 07 分别选中矩形下方边线的两端交点，将其向两边移动到合适位置，完成地平线的绘制，如图5-20所示。

步骤 08 执行"直线"命令，捕捉矩形上边线的中点，向下绘制一条垂直的中线，如图5-21所示。

步骤 09 执行"偏移"命令，将中线向左偏移50mm，将矩形上边线、左边线和地平线分别向内偏移50mm，如图5-22所示。

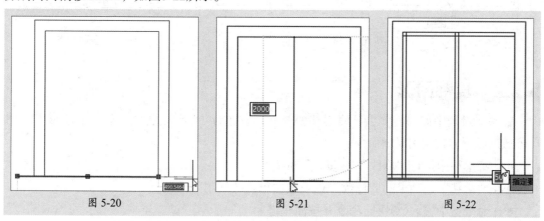

图 5-20   图 5-21   图 5-22

步骤 **10** 执行"倒圆角"命令，保持默认设置，将偏移的线段进行修剪，如图5-23所示。

步骤 **11** 执行"矩形"命令，绘制一个长1950mm、宽40mm的矩形，并将其移至门框合适位置，作为门拉手，如图5-24所示。

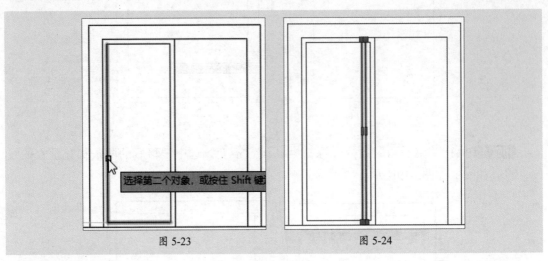

图 5-23   图 5-24

步骤 **12** 执行"镜像"命令，根据命令行的提示，先选中绘制好的门框及拉手图形，按回车键，捕捉中线两侧的端点，按回车键将其进行镜像复制，如图5-25所示。

步骤 **13** 执行"直线"命令，在门框内绘制几条斜线，以表示玻璃材质，如图5-26所示。至此玻璃门立面图绘制完成。

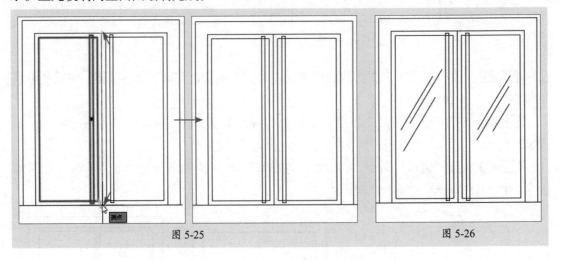

图 5-25   图 5-26

5.2.2 复制图形

在绘图过程中如果需要重复使用某个图形，最好的办法就是将图形进行复制操作。用户可通过以下方式调用复制命令。

● 在菜单栏中执行"修改"|"复制"命令。

● 在"默认"选项卡的"修改"选项组中单击"复制"按钮。

● 在命令行中输入CO快捷命令并按回车键。

执行"复制"命令后，根据命令行中的提示，先选择需复制的图形，并指定好复制的基点。移动鼠标，捕捉目标基点即可完成图形的复制操作，如图5-27所示。

命令行提示如下：

```
命令: _copy
选择对象: 找到 1 个（选择需要复制的图形，按回车键）
选择对象:
当前设置: 复制模式 = 多个
指定基点或 [位移(D)/模式(O)] <位移>:（指定复制的基点）
指定第二个点或 [阵列(A)] <使用第一个点作为位移>:（指定新位置的基点）
指定第二个点或 [阵列(A)/退出(E)/放弃(U)] <退出>:
```

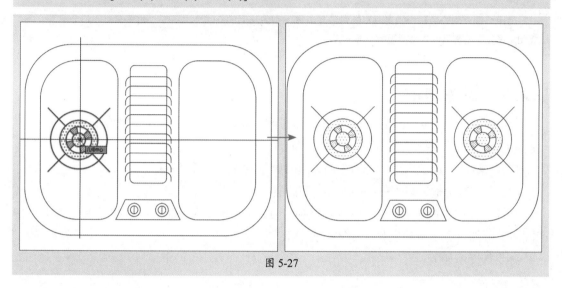

图 5-27

5.2.3 偏移图形

偏移图形是按照一定的偏移值将图形进行复制和位移。偏移后的图形和原图形的形状相同。通过以下方式可调用偏移命令。

● 在菜单栏中执行"修改"|"偏移"命令。
● 在"默认"选项卡的"修改"选项组中单击"偏移"按钮。
● 在命令行中输入O（非零）快捷命令并按回车键。

执行"偏移"命令后，根据命令行中的提示，先输入要偏移的距离值，然后选择要偏移的图形线段，按回车键后指定要偏移的方向即可，如图5-28所示。

命令行提示如下：

```
命令: _offset
当前设置: 删除源=否 图层=源 OFFSETGAPTYPE=0
指定偏移距离或 [通过(T)/删除(E)/图层(L)] <20.0000>: 100（设置偏移距离）
选择要偏移的对象，或 [退出(E)/放弃(U)] <退出>:（选择要偏移的图形）
指定要偏移的那一侧上的点，或 [退出(E)/多个(M)/放弃(U)] <退出>:（指定偏移的方向）
```

105

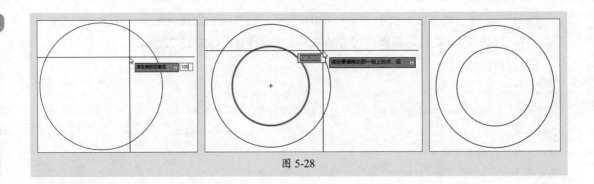

图 5-28

操作提示

使用"偏移"命令时，如果偏移的对象是直线，则偏移后的直线大小不变；如果偏移的对象是圆、圆弧和矩形，则偏移后的对象将被缩小或放大。

5.2.4 镜像图形

利用镜像工具可以快速绘制出各种对称图形。通过以下方法可调用镜像命令。

- 在菜单栏中执行"修改"|"镜像"命令。
- 在"默认"选项卡的"修改"选项组中单击"镜像"按钮 ⚠。
- 在命令行中输入MI快捷命令并按回车键。

执行"镜像"命令后，选中需要的图形，按回车键，然后捕捉中心线的两个端点，按两次回车键即可完成镜像操作，如图5-29所示。

命令行提示如下：

```
命令: _mirror
选择对象: 找到 1 个（选中镜像图形，按回车键）
选择对象:
指定镜像线的第一点:（捕捉中心线的起始点）
指定镜像线的第二点:（捕捉中心线的端点）
要删除源对象吗? [是(Y)/否(N)] <否>:（按回车键，保留）
```

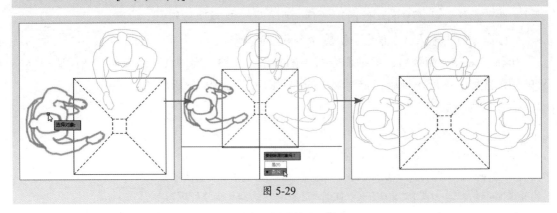

图 5-29

5.2.5 阵列图形

阵列图形是一种有规则地复制图形的命令，当绘制的图形需要按照一定的规则分布时，就可以使用阵列图形命令解决，阵列图形包括矩形阵列、环形阵列和路径阵列3种。通过以下方式可以调用阵列命令。

- 在菜单栏中执行"修改"|"阵列"命令的子命令。
- 在"默认"选项卡的"修改"选项组中单击"阵列"下拉按钮，在下拉列表中选择阵列方式。
- 在命令行中输入AR快捷命令并按回车键。

1. 矩形阵列

矩形阵列是指图形呈矩形结构阵列，执行"矩形阵列"命令后，系统会打开"阵列创建"选项卡。系统会默认将图形以4列3行的方式进行阵列，用户可以根据需要对该参数进行调整，如图5-30所示。

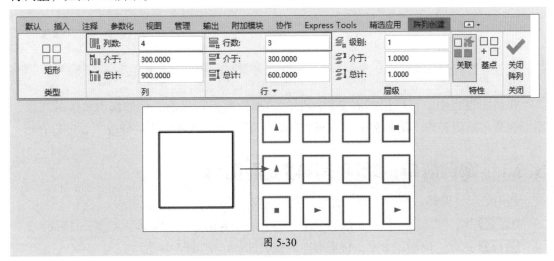

图 5-30

2. 环形阵列

环形阵列是指图形呈环形结构阵列。在执行"环形阵列"命令后，在"阵列创建"选项卡中可以根据需要设置阵列的项目数、每个项目之间的距离等参数，如图5-31所示。

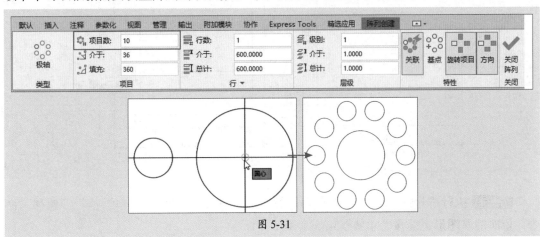

图 5-31

室内装潢技术与应用案例解析

路径阵列是指图形根据指定的路径进行阵列，路径可以是曲线、弧线、折线等线段。执行"路径阵列"命令后，在打开的"阵列创建"选项卡中根据需要设置相关参数即可，如图5-32所示。

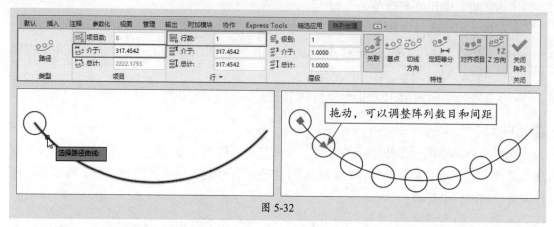

图 5-32

5.3 图形的修改

在绘图过程中，可以根据需要对图形的造型轮廓进行修改，例如修剪多余的线段、图形倒圆角或倒直角、图形分解、图形拉伸等。下面将对这些常用的修改工具进行介绍。

5.3.1 案例解析：绘制中式窗立面图形

利用矩形、偏移、修剪等命令绘制一个中式窗立面图形。

步骤 **01** 执行"矩形"命令，绘制一个长730mm、宽610mm的矩形，如图5-33所示。

步骤 **02** 执行"偏移"命令，将矩形向内偏移50mm，如图5-34所示。

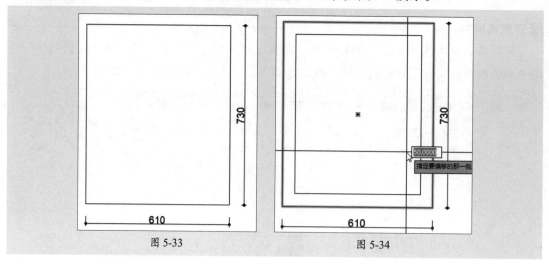

图 5-33　　　　　　　　　图 5-34

步骤 **03** 执行"分解"命令，选择偏移后的矩形，按回车键将其分解。执行"偏移"命令，依次偏移图形，偏移尺寸如图5-35所示。

步骤 04 执行"修剪"命令，按回车键，修剪偏移后多余的线段，如图5-36所示。

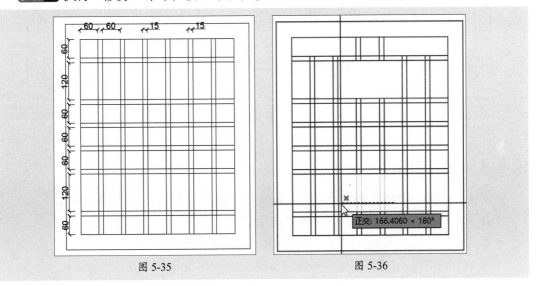

图 5-35　　　　　　　　　　　　　　图 5-36

步骤 05 修剪完成后的效果如图5-37所示。

步骤 06 执行"直线"命令，绘制窗户的四个角线，完成中式窗立面图形的绘制操作，如图5-38所示。

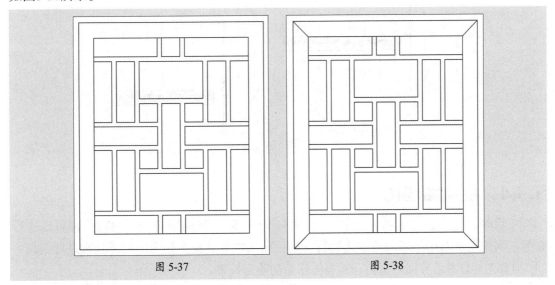

图 5-37　　　　　　　　　　　　　　图 5-38

5.3.2　修剪图形

修剪图形是将图形多余的部分进行修剪。通过以下方式可调用修剪命令。

● 在菜单栏中执行"修改"|"修剪"命令。

● 在"默认"选项卡中，单击"修改"选项组中的下拉按钮，在弹出的列表中单击"修剪"按钮 。

● 在命令行中输入TR快捷命令并按回车键。

执行"修剪"命令后，选择需要剪切的线段即可，如图5-39所示。按Esc键可退出修剪操作。

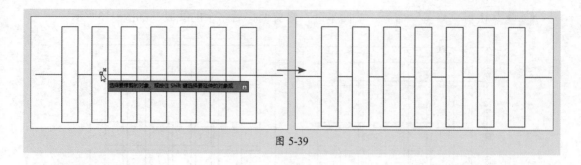

图 5-39

5.3.3 延伸图形

延伸是将指定的线段延伸到指定的边界线上。通过以下方式可调用延伸命令。

● 在菜单栏中执行"修改"|"延伸"命令。

● 在"默认"选项卡的"修改"选项组中单击"延伸"按钮 ⇥。

● 在命令行中输入EX快捷命令并按回车键。

执行"延伸"命令后,只需选中要延长的线段,系统会识别出与之相交的边界线,并自动进行延伸,如图5-40所示。

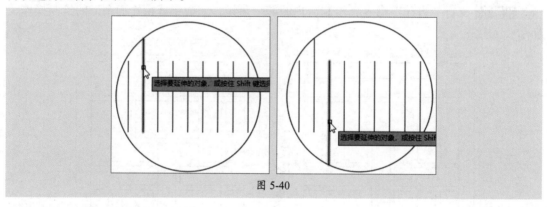

图 5-40

5.3.4 倒角和圆角

在绘制过程中,对于两条相邻的边界多出的线段,利用倒角和圆角命令都可以进行修剪。倒角是对图形相邻的两条边进行修剪,而圆角则是根据指定圆弧半径来进行倒角。图5-41和图5-42所示分别为倒角和圆角操作后的菱形效果。

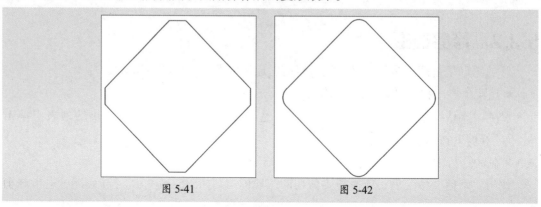

图 5-41   图 5-42

1. 倒角

执行"倒角"命令可以将绘制的图形进行倒角。通过以下方法可调用倒角命令。

- 在菜单栏中执行"修改"|"倒角"命令。
- 在"默认"选项卡的"修改"选项组中单击"倒角"按钮 。
- 在命令行中输入CHA快捷命令并按回车键。

执行"倒角"命令后，根据命令行的提示，先设置好两个倒角距离，默认情况下为0，然后再根据需要选择两条倒角边线即可。

命令行提示如下：

命令: _chamfer
("修剪"模式) 当前倒角距离 1 = 0.0000，距离 2 = 0.0000
选择第一条直线或 [放弃(U)/多段线(P)/距离(D)/角度(A)/修剪(T)/方式(E)/多个(M)]: d（选择"距离"选项，按回车键）
指定 第一个 倒角距离 <0.0000>: 10（输入倒角距离，按回车键）
指定 第二个 倒角距离 <10.0000>: （输入第2个倒角距离，如果两个倒角相同，只需再按回车键）
选择第一条直线或 [放弃(U)/多段线(P)/距离(D)/角度(A)/修剪(T)/方式(E)/多个(M)]: （选择两条倒角边）
选择第二条直线，或按住 Shift 键选择直线以应用角点或 [距离(D)/角度(A)/方法(M)]:

2. 圆角

圆角是指通过指定圆弧半径大小将多边形的边界棱角进行平滑连接。通过以下方式可调用圆角命令。

- 在菜单栏中执行"修改"|"圆角"命令。
- 在"默认"选项卡的"修改"选项组中单击"圆角"按钮 。
- 在命令行中输入F快捷命令并按回车键。

执行"圆角"命令后，同样先设置好圆角半径，再选择要进行倒圆角的两条边线即可。

命令行提示如下：

命令: _fillet
当前设置: 模式 = 修剪，半径 = 0.0000
选择第一个对象或 [放弃(U)/多段线(P)/半径(R)/修剪(T)/多个(M)]: r（选择"半径"选项，按回车键）
指定圆角半径 <0.0000>: 20（输入半径值，按回车键）
选择第一个对象或 [放弃(U)/多段线(P)/半径(R)/修剪(T)/多个(M)]: （选择两条倒角边）
选择第二个对象，或按住 Shift 键选择对象以应用角点或 [半径(R)]:

5.3.5　拉伸图形

拉伸图形是指通过窗选的方式拉伸对象。通过以下方式可调用拉伸命令。

- 在菜单栏中执行"修改"|"拉伸"命令。
- 在"默认"选项卡的"修改"选项组中单击"拉伸"按钮 。
- 在命令行中输入STRETCH命令并按回车键。

执行"拉伸"命令后，使用窗选的方式（从右往左框选），选择要拉伸的图形，然后按回车键，并捕捉拉伸基点即可进行拉伸操作，如图5-43所示。需注意的是，某些对象类型（例如圆、椭圆和图块）是无法进行拉伸操作的。

命令行提示如下：

命令：_stretch
以交叉窗口或交叉多边形选择要拉伸的对象...
选择对象：指定对角点：找到 4 个（窗选所需图形，按回车键）
选择对象：
指定基点或 [位移(D)] <位移>：（指定拉伸基点，并移动鼠标进行拉伸操作）
指定第二个点或 <使用第一个点作为位移>：（指定新基点）

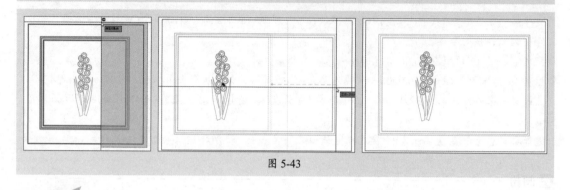

图 5-43

操作提示　在进行拉伸操作时，需要使用窗选模式来选择图形，否则只能将图形移动。圆形和图块是不能被拉伸的。

5.3.6　打断图形

打断图形指的是删除图形上的某一部分或将图形分成两部分。用户可以通过以下方法执行"打断"命令。

- 在菜单栏中执行"修改"|"打断"命令。
- 在"默认"选项卡的"修改"选项组中单击"打断"按钮🔲。
- 在命令行中输入BREAK命令并按回车键。

执行以上任意一种操作后，在图形中指定两个打断点，即可完成打断操作，如图5-44所示。

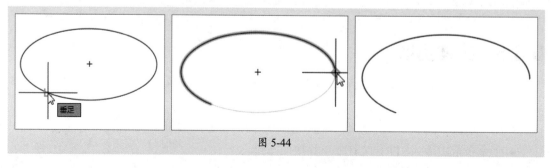

图 5-44

命令行提示内容如下：

命令：_break
选择对象：　　　　（选择对象以及确定第一个断点）
指定第二个打断点 或 [第一点(F)]：　（指定第二个打断点）

打断命令分两种，一种是"打断"命令，另一种是"打断于点"命令 ▢。该命令主要是根据指定的打断点来打断图形，也就是将图形一分为二，如图5-45所示。需要注意的是，该命令只能对直线、样条线和弧线等开放型的图形起作用，对闭合的图形是无法打断的。

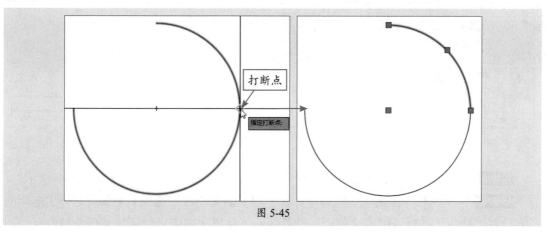

图 5-45

5.3.7　分解图形

分解图形是将多段线、面域或块对象分解成独立的线段。通过以下方式可以调用分解命令。

●　在菜单栏中执行"修改"｜"分解"命令。

●　在"默认"选项卡的"修改"选项组中单击"分解"按钮 ▤。

●　在命令行中输入X快捷命令并按回车键。

执行"分解"命令，选择需要分解的图形，按回车键即可分解图形。图5-46和图5-47所示为图形分解前后的对比效果。

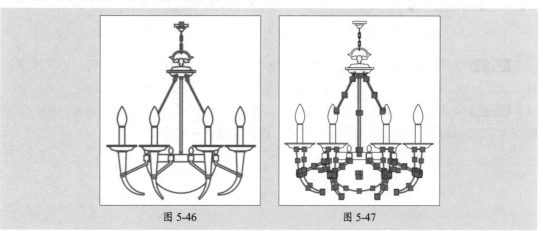

图 5-46　　　　　　　　　　图 5-47

5.4 图形的填充

为了区分图形中不同的材料，以增强图形的表现效果，用户可使用填充图案和渐变色工具来对图形进行美化。

5.4.1 案例解析：填充两居室地面材质

下面以填充两居室地面区域为例，来介绍地面铺装图的绘制方法。

步骤 01 打开"两居室平面"素材文件。执行"图案填充"命令，打开"图案填充创建"选项卡，在"图案"选项组中选择USER图案。在"特性"选项组中将"填充图案比例"设置为800，如图5-48所示。

图 5-48

步骤 02 设置好后，单击两居室客厅区域，按回车键即可添加该图案，如图5-49所示。

步骤 03 再次执行"图案填充"命令，在"图案填充创建"选项卡中保持上一次选择的图案，在"特性"选项组中将"角度"设置为90，并再次选中客厅区域进行叠加填充，如图5-50所示。

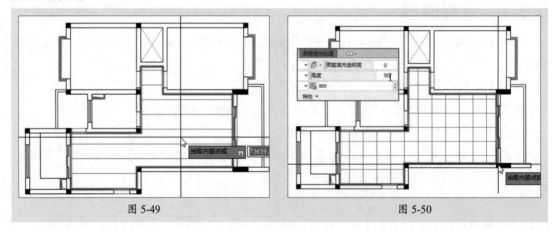

图 5-49   图 5-50

步骤 04 继续执行"图案填充"命令，将"图案"设置为DOLMIT，将"填充图案比例"设置为20，将"角度"设置为0，填充两个卧室区域地面，如图5-51所示。

步骤 05 将"图案"设置为ANGLE，将"图案填充间距"设置为40，填充厨房、卫生间以及阳台区域地面，如图5-52所示。至此，两居室地面区域填充完成。

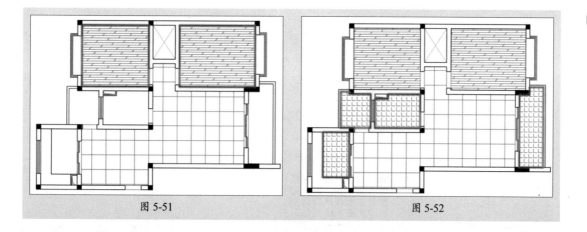

图 5-51   图 5-52

5.4.2　图案填充

图案填充是指选用一种合适的图案对指定的区域进行填充的操作。通过以下方式可调用图案填充命令。

- 在菜单栏中执行"绘图"|"图案填充"命令。
- 在"默认"选项卡的"绘图"选项组中单击"图案填充"按钮▨。
- 在命令行中输入H快捷命令并按回车键。

在进行图案填充前，首先需要对图案的基本参数进行设置。可通过"图案填充创建"选项卡进行设置，如图5-53所示。

图 5-53

下面将对常用的填充选项进行说明。

1. 图案

在"图案填充创建"选项卡的"图案"选项组中，单击右侧下拉三角按钮，可打开图案列表。在此可选择所需的图案，如图5-54所示。

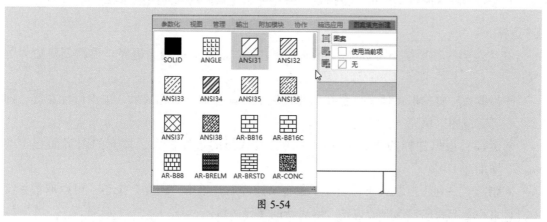

图 5-54

2. 特性

在"特性"选项组中，可根据需要选择图案的类型▦、图案填充颜色▦、图案透明度▦、图案填充角度▦、图案填充比例▦等，如图5-55所示为设置填充颜色。

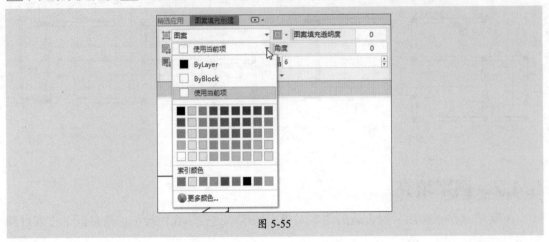

图 5-55

3. 原点

许多图案填充需要对齐填充边界上的某一点。在"原点"选项组中可设置图案填充原点的位置，如图5-56所示。设置原点位置包括"指定的原点"和"使用当前原点"两个选项。

图 5-56

在该选项组中，可以通过指定左下▦、右下▦、左上▦、右上▦和中心点▦位置作为图案填充的原点进行填充。

- **使用当前原点**▦：可以使用当前UCS的原点（0,0）作为图案填充的原点。
- **存储为默认原点**▦：可以将指定的原点存储为默认的填充图案原点。

4. 边界

在"边界"选项组中可选择填充图案的边界，也可进行删除边界、重新创建边界等操作。

- **拾取点**：将拾取点任意放置在填充区域上，就会预览填充效果，单击鼠标左键，即可完成图案填充。
- **选择**：根据选择的边界填充图形，随着选择的边界扩大，填充的图案面积也会增加。
- **删除**：在利用拾取点或者选择对象定义边界后，单击"删除"按钮，可以取消系统自动选取或用户选取的边界，形成新的填充区域。

5. **选项**

"选项"选项组用于设置图案填充的一些附属功能，包括注释性、关联、创建独立的图案填充、绘图次序和继承特性等。单击"选项"选项组右侧的下拉三角按钮，可打开"图案填充和渐变色"对话框，如图5-57所示。在该对话框中，用户可以对填充参数进行详细的设置。单击"更多"按钮，展开"孤岛"设置面板，在此可设置图案填充的显示样式，如图5-58所示。

图 5-57　　　　　　　　　　　　　　图 5-58

5.4.3　渐变色填充

渐变色填充是指使用渐变色对指定的图形区域进行填充的操作，可以创建单色或者双色渐变色。在进行渐变色填充前，要先进行设置，可通过"图案填充创建"选项卡进行设置，如图5-59所示。

图 5-59

用户也可通过"图案填充和渐变色"对话框来设置。

在命令行输入H快捷命令后，按回车键，再输入T命令，即可打开"图案填充和渐变色"对话框。切换到"渐变色"选项卡，即可对渐变色、渐变方向等选项进行设置，如图5-60所示。

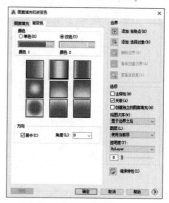

图 5-60

117

课堂实战 绘制燃气灶图形

本实战利用矩形、圆、直线、偏移、镜像、阵列、修剪等命令绘制一个燃气灶图形，绘制步骤如下。

步骤 01 执行"矩形"命令，根据命令行的提示，先设置圆角半径为20mm，然后绘制一个长750mm、宽440mm的圆角矩形，如图5-61所示。

```
命令: _rectang
指定第一个角点或 [倒角(C)/标高(E)/圆角(F)/厚度(T)/宽度(W)]: f（选择"圆角"选项）
指定矩形的圆角半径 <0.0000>: 20（设置圆角半径参数）
指定第一个角点或 [倒角(C)/标高(E)/圆角(F)/厚度(T)/宽度(W)]:（指定矩形起点）
指定另一个角点或 [面积(A)/尺寸(D)/旋转(R)]: d（选择"尺寸"选项）
指定矩形的长度 <10.0000>: 750（设置长度值）
指定矩形的宽度 <10.0000>: 440（设置宽度值，单击鼠标完成绘制）
指定另一个角点或 [面积(A)/尺寸(D)/旋转(R)]:
```

步骤 02 执行"偏移"命令，将圆角矩形向内偏移3mm，如图5-62所示。

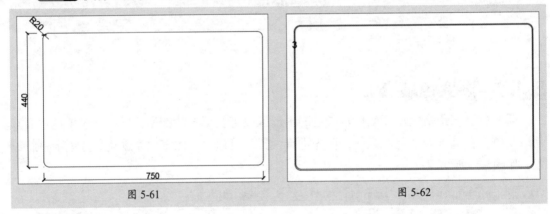

图 5-61　　　　　　　　　　　　　　　　　　图 5-62

步骤 03 执行"圆"命令，绘制三个半径分别为110mm、60mm、40mm的同心圆，移动至合适的位置，如图5-63所示。

步骤 04 执行"矩形"命令，绘制一个长75mm、宽5mm的矩形，并放置到合适的位置，如图5-64所示。

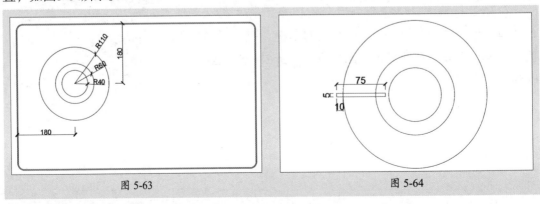

图 5-63　　　　　　　　　　　　　　　　　　图 5-64

步骤 05 执行"环形阵列"命令，选择圆心为阵列中心，设置阵列项目数为4，对矩形进行阵列复制，如图5-65所示。

命令: _arraypolar

选择对象: 找到 1 个 (选择矩形，按回车键)

选择对象:

类型 = 极轴 关联 = 是

指定阵列的中心点或 [基点(B)/旋转轴(A)]: （捕捉同心圆的圆心点）

选择夹点以编辑阵列或 [关联(AS)/基点(B)/项目(I)/项目间角度(A)/填充角度(F)/行(ROW)/层(L)/旋转项目(ROT)/退出(X)] <退出>: I（选择"项目"选项）

输入阵列中的项目数或 [表达式(E)] <6>: 4 （输入阵列数值，按两次回车键）

选择夹点以编辑阵列或 [关联(AS)/基点(B)/项目(I)/项目间角度(A)/填充角度(F)/行(ROW)/层(L)/旋转项目(ROT)/退出(X)] <退出>:

步骤 06 执行"修剪"命令，选择矩形中要修剪的线段进行修剪操作，如图5-66所示。

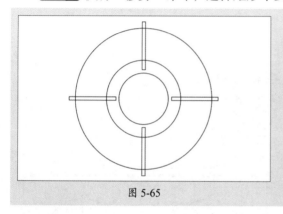

图 5-65

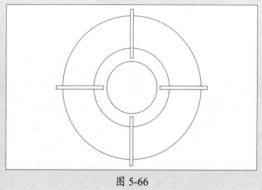

图 5-66

步骤 07 执行"圆"命令，绘制半径分别为23mm和19mm的同心圆，如图5-67所示。

步骤 08 执行"直线"命令，捕捉圆心，并绘制小圆的中心线。然后执行"偏移"命令，将中心线向两侧分别偏移4mm，如图5-68所示。

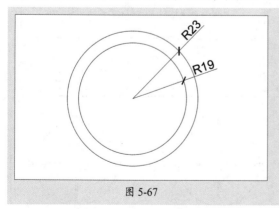

图 5-67

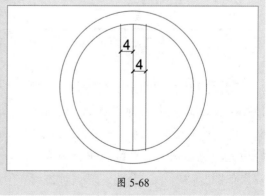

图 5-68

步骤 09 执行"修剪"命令，修剪多余的线段，效果如图5-69所示。

步骤 10 执行"圆角"命令，设置圆角半径为2mm，对修剪后的图形进行圆角操作，如图5-70所示。

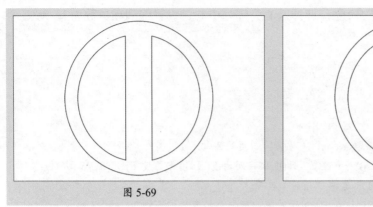

图 5-69

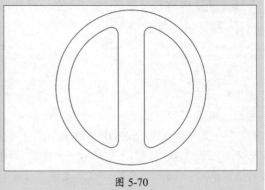

图 5-70

步骤 11 执行"移动"命令，将绘制好的图形移动到燃气灶合适的位置，完成开关按钮的绘制，如图5-71所示。

步骤 12 执行"镜像"命令，选中绘制好的炉孔和开关图形，以矩形的垂直中线为镜像线进行镜像复制操作，如图5-72所示。

命令行提示如下：

```
命令：_mirror
选择对象：指定对角点：找到 7 个（选中炉孔和开关，按回车键）
选择对象：指定镜像线的第一点：（捕捉矩形上边线的中点）
指定镜像线的第二点：（捕捉矩形下边线的中点）
要删除源对象吗？[是(Y)/否(N)] <否>：（按回车键，完成操作）
```

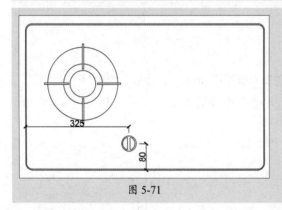

图 5-71

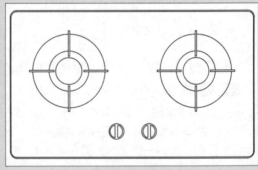

图 5-72

步骤 13 执行"图案填充"命令，选择AR-RROOF图案，将"角度"设置为60，将"填充图案比例"设置为5，调整好填充颜色，选择灶台区域进行填充，效果如图5-73所示。至此，燃气灶图形绘制完毕。

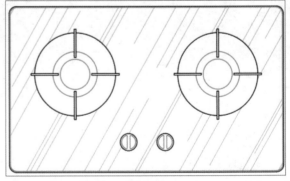

图 5-73

课后练习 | 绘制餐桌立面图形

本实例将运用本章所学的常用编辑命令来绘制餐桌立面图形，效果如图5-74所示。

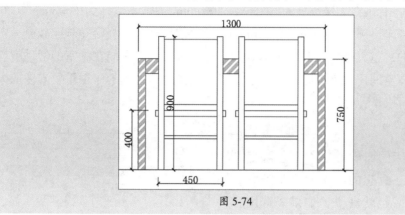

图 5-74

1. 技术要点

步骤 01 执行"矩形""分解""偏移"和"修剪"命令，绘制餐桌立面图形。

步骤 02 执行"矩形""偏移""修剪""镜像"命令，绘制座椅立面图形。

步骤 03 执行"图案填充"命令，对餐桌图形进行填充。

2. 分步演示

本案例的分步演示效果如图5-75所示。

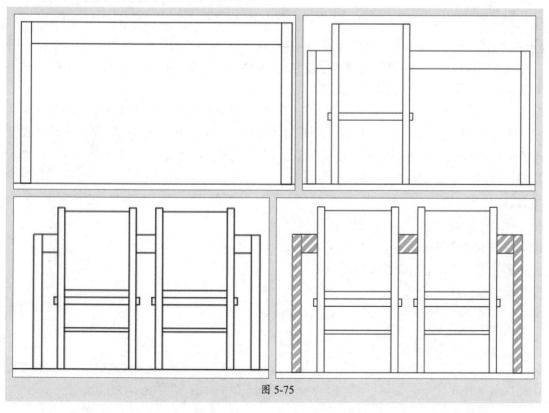

图 5-75

卧室的床要买多大才合适

以双人床为例，标准双人床规格为1500mm×2000mm。加大双人床为1800mm×2000mm。当然也有一些定制床，例如2200mm×2000mm。这些规格到底选择哪一款比较合适？也许有人会说选最大的，越大越好，其实不然。卧室中的床太大，人们在卧室的活动就会受限制；床太小，整体空间比例就会很不协调。所以，选择合适大小的床很重要。床的大小取决于两点：卧室面积和活动通道。

1. 卧室面积

一般来说，床的面积最好不超过卧室面积的二分之一，理想的床面积应是卧室面积的三分之一。也就是说，如果要选用1800mm×2000mm的床，那么这间卧室的面积至少为（1800+100）mm×（2000+200）mm×3=12.54m^2，如图5-76所示。

图 5-76

双人床最好居中放置，这样会满足两人不同方向上下床、铺设、整理床褥的需要。衣柜应靠近墙边或角落，避免靠近窗户，以免阻挡自然光或者有碍人的活动。

如果是单人床，可靠墙放置，预留出足够的室内空间。

2. 活动通道

床的四周应留空，两侧的通道宽度最好大于600mm。床尾与墙的距离至少要留600mm才方便通行。如果有床尾凳或桌子，则要加上这些宽度。

如果床的一侧有衣柜，那么床和衣柜的距离要根据床头柜的尺寸和衣柜门的尺寸来确定。床头柜宽度一般为600～650mm，平开门的衣柜门宽度为400～450mm。那么床距离衣柜至少要有1000mm。因为600mm的通道应留出打开柜门所占用的尺寸，如图5-77所示。如果衣柜是推拉门，那么床距离衣柜至少为600mm才合适。

此外，床高也应考虑。一般床铺距离地面保持在400～500mm即可。如果是给老人或孩子使用，可以适当降低高度，但不要低于他们的膝盖。

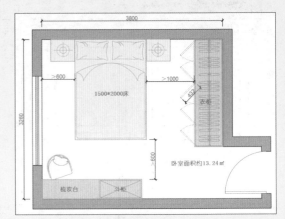

图 5-77

素材文件

第**6**章

室内图块的绘制

内容导读

    如果需要绘制大量相同或相似的图形，那么就可以将需要重复绘制的图形创建成图块，在需要时直接插入图纸中，这样可以有效地节省绘图时间，提高绘图效率。本章将着重对图块功能的相关应用进行介绍，包括图块的创建、插入、图块属性的管理、外部参照的应用等。

思维导图

了解设计中心选项板 — 设计中心的应用 — 图块的创建与应用 — 创建图块

插入设计中心内容 — 插入图块

附着外部参照 — 室内图块的绘制 — 创建块的属性

管理外部参照 — 外部参照的应用 — 图块属性的管理与应用 — 编辑块的属性

编辑外部参照 — 管理块的属性

6.1 图块的创建与应用

图块是由一个或多个对象组成的对象集合。将具有不同形状、线型、线宽和颜色的对象组合定义成块，利用图块可以减少大量重复的操作，从而提高设计和绘图的效率。

6.1.1 案例解析：在平面图中插入床图块

下面利用创建图块和插入图块命令，在两居室平面图中插入床图块。

步骤 01 打开"双人床"素材文件，执行"创建块"命令，打开"块定义"对话框，单击"选择对象"按钮🖳，如图6-1所示。

步骤 02 在绘图区中选择双人床图形，如图6-2所示。

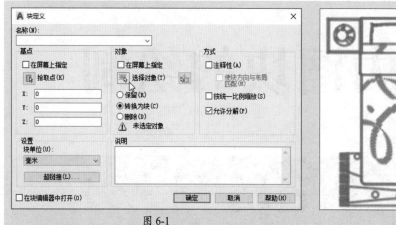

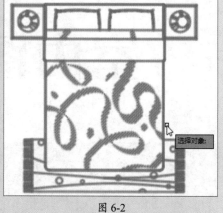

图 6-1	图 6-2

步骤 03 按回车键返回"块定义"对话框。单击"拾取点"按钮🖳，如图6-3所示。

步骤 04 在绘图区中指定双人床图形的一点作为插入基点，如图6-4所示。

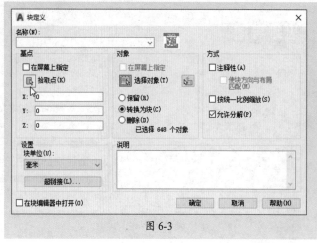

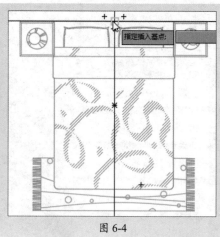

图 6-3	图 6-4

步骤 05 再次返回"块定义"对话框，在"名称"下拉列表框中输入图块名称，单击"确定"按钮即可完成块的创建操作，如图6-5所示。

步骤 06 保存并关闭该文件。打开"平面图"素材文件，执行"插入块"|"最近使用的块"命令，打开"块"选项板，如图6-6所示。

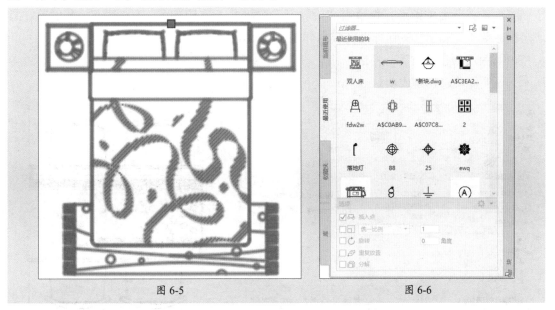

图 6-5　　　　　　　　　　　　　　　图 6-6

步骤 07 在"块"选项板的"最近使用"选项卡中会显示刚刚创建的双人床图块，选中该图块，将其拖放至平面图中合适的位置即可，如图6-7所示。

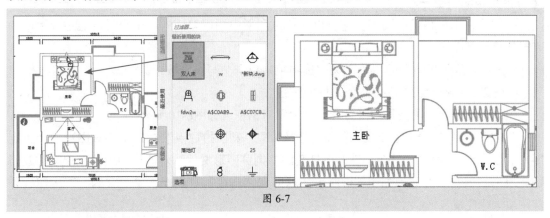

图 6-7

6.1.2　创建图块

创建图块就是将已有的图形对象定义为图块。图块分为内部图块和外部图块两种，内部图块是跟随定义的文件一起保存的，存储在图形文件内部，但只能用于当前文件，其他文件不能调用。而外部图块是以独立文件的形式保存在计算机中，用户可以将其调入任何图形文件中。

1. 内部图块的创建

用户可以通过以下3种方式创建内部图块。

- 在菜单栏中执行"绘图"|"块"|"创建"命令。
- 在"插入"选项卡的"块定义"选项组中单击"创建块"按钮。

● 在命令行中输入B快捷命令并按回车键。

执行以上任意一种操作均可打开"块定义"对话框，如图6-8所示。单击"选择对象"按钮 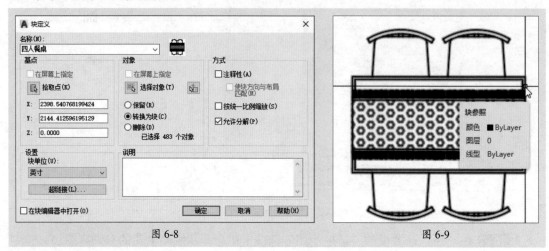，选择所需的图形，再单击"拾取点"按钮 ，指定图形的插入基点，并设置好图块名称，单击"确定"按钮即可完成内部图块的创建。

内部图块创建完成后，将鼠标移至图形上，系统会显示出该图块的相关信息，如图6-9所示，说明图块已创建成功。

图 6-8　　　　　　　　　　　　　　　图 6-9

2. 外部图块的创建

外部图块不依赖当前图形，它可以在任意图形中调用并插入。用户可以通过以下两种方式创建外部图块。

● 在"默认"选项卡的"块定义"选项组中单击"写块"按钮。

● 在命令行中输入W快捷命令并按回车键。

执行以上任意一种操作均可打开"写块"对话框，如图6-10所示。

与创建内部图块相似，通过单击"选择对象"和"拾取点"按钮来选择图形以及指定图形的插入点。然后单击按钮 ，在打开的"浏览图形文件"对话框中设置图块名称及路径，单击"保存"按钮，如图6-11所示。返回到"写块"对话框，单击"确定"按钮，外部图块创建完成。

图 6-10　　　　　　　　　　　　　　　图 6-11

126

6.1.3 插入图块

当图形被定义为块之后，就可以使用插入块命令将图形插入到当前图形中。通过以下3种方式可调用插入块命令。

- 在菜单栏中执行"插入"|"块选项板"命令。
- 在"插入"选项卡的"块"选项组中单击"插入"下拉按钮，选择"最近使用的块"选项。
- 在命令行中输入BLOCKSPALETTE(I)命令并按回车键。

执行以上任意一种操作均可打开"块"选项板，如图6-12所示。在该选项板中可通过"当前图形""最近使用""收藏夹"和"库"这4个选项卡插入相应的图块。

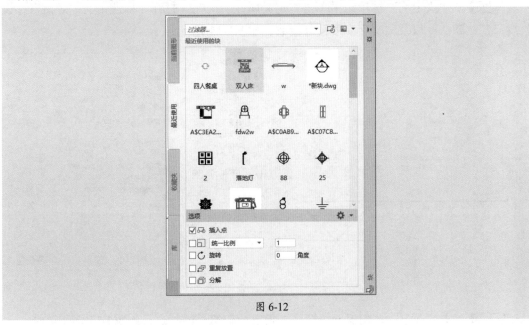

图 6-12

当前图形：主要是将当前图形中所有块定义显示为图表或列表。

最近使用：显示最近插入的图块。

收藏夹：主要用于图块的云存储，方便在各个设备之间共享图块。

库：用于存储在单个图形文件中的块定义集合。用户可以使用 Autodesk或其他厂商提供的块库或自定义块库。

如果在这些选项卡中没有找到合适的图块，那么可单击选项板上方的 按钮，在打开的"选择要插入的文件"对话框中选择所需图块进行插入。此外，在"块"选项板的"选项"列表中，可对当前图块的一些参数进行设置，例如插入点、插入比例、旋转角度、重复放置以及分解等。

6.2 图块属性的管理与应用

属性是与图块相关联的文本，例如可以将图块的材料、数量等文本信息作为属性保存在图块中。图块的属性既可显示在屏幕上，也可以不可见的方式存储在图形中。下面将介绍带有属性的图块的创建与管理操作。

6.2.1 案例解析：为户型图添加标高图块

下面将以创建标高图块为例，来介绍属性图块的创建操作。

步骤 01 执行"直线"命令绘制标高符号，如图6-13所示。

步骤 02 在"块定义"选项组中单击"定义属性"按钮，打开"属性定义"对话框，设置"标记""默认"以及"文字高度"等参数，如图6-14所示。

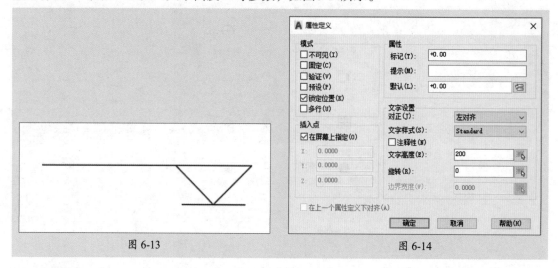

图 6-13   图 6-14

步骤 03 单击"确定"按钮返回绘图区，指定标记符号的基点，如图6-15所示。

步骤 04 设置完成后，执行"写块"命令，打开"写块"对话框，单击"选择对象"按钮，在绘图区中选择标高图形，如图6-16所示。

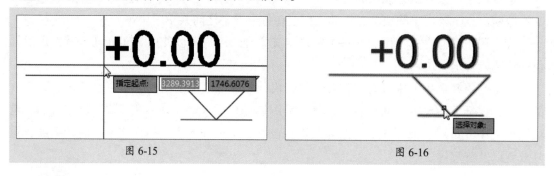

图 6-15   图 6-16

步骤 05 单击"拾取点"按钮，在绘图区中指定插入基点，如图6-17所示。

步骤 06 按回车键返回对话框，设置目标文件的文件名和路径，单击"确定"按钮，如图6-18所示。

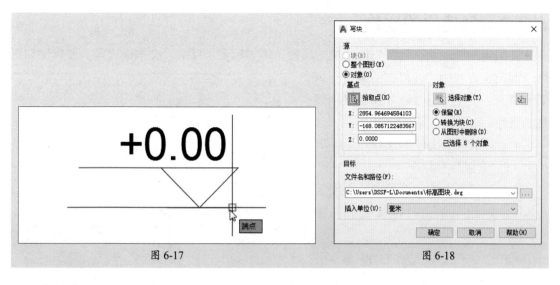

图 6-17   图 6-18

步骤 07 打开"一居室户型图"素材文件，执行"插入块"命令，打开"块"选项板，选择刚保存好的标高图块，将其插入图纸中，如图6-19所示。

步骤 08 在打开的"编辑属性"对话框中输入所需标高值，如图6-20所示。

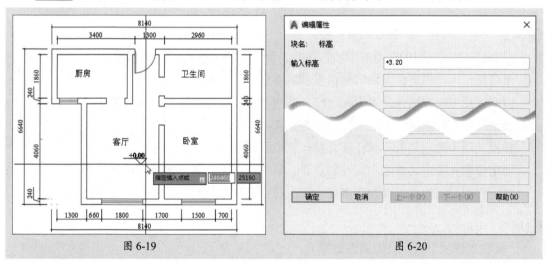

图 6-19   图 6-20

步骤 09 设置完成后单击"确定"按钮。此时标高符号则显示出设置的标高值，如图6-21所示。

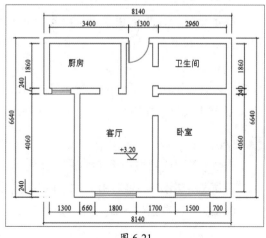

图 6-21

6.2.2 创建块的属性

要编辑和管理块，就要先创建块的属性，例如标记、提示、文本样式等。使属性和图形一起定义在块中，才能在后期进行编辑和管理。通过以下3种方式可以创建块的属性。

- 在菜单栏中执行"绘图"|"块"|"定义属性"命令。
- 在"插入"选项卡的"块定义"选项组中单击"定义属性"按钮 。
- 在命令行中输入ATTDEF命令并按回车键。

执行以上任意一种操作均可打开"属性定义"对话框，如图6-22所示。在该对话框中可以设置块的模式、属性、格式等相关信息。

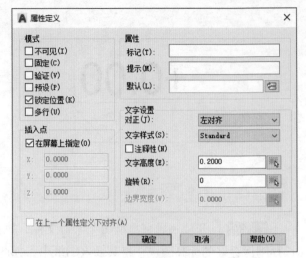

图 6-22

1. 模式

"模式"选项组用于在图形中插入块时，设定与块关联的属性值选项。

不可见：用于确定插入块后是否显示属性值。

固定：用于设置属性是否为固定值，若为固定值，插入块后该属性值不再发生变化。

验证：用于验证所输入的属性值是否正确。

预设：用于确定是否将属性值直接预置成默认值。

锁定位置：锁定块参照中属性的位置，解锁后，可以调整多行文字属性的大小。

多行：指定属性值可以包含多行文字。选中此复选框后，可以指定属性的边界宽度。

2. 属性

"属性"选项组用于设定属性数据。

标记：标识图形中每次出现的属性。

提示：指定在插入包含该属性定义的块时显示的提示。如果不输入提示，属性标记将用于提示。如果在"模式"选项组选择"固定"模式，"提示"选项将不可用。

默认：指定默认属性值。单击后面的"插入字段"按钮，弹出"字段"对话框，可以插入一个字段作为属性的全部或部分值；选择"多行"模式后，显示"多行编辑器"按钮，单击此按钮将弹出具有"文字格式"工具栏和标尺的在位文字编辑器。

3. 插入点

"插入点"选项组用于指定属性位置。

在屏幕上指定：在绘图区中指定一点作为插入点。

X/Y/Z：在数值框中输入插入点的坐标。

4. 文字设置

"文字设置"选项组用于设定属性文字的对正、样式、高度和旋转。

对正：用于设置属性文字相对于参照点的排列方式。

文字样式：指定属性文字的预定义样式。显示当前加载的文字样式。

注释性：指定属性为注释性。如果块是注释性的，则属性将与块的方向相匹配。

文字高度：指定属性文字的高度。

旋转：指定属性文字的旋转角度。

边界宽度：换行前，指定多行文字属性中一行文字的最大长度。此选项不适用于单行文字属性。

5. 在上一个属性定义下对齐

该选项用于将属性标记直接置于之前定义的属性的下方。如果之前没有创建属性定义，则此选项不可用。

6.2.3 编辑块的属性

用户可以在"增强属性编辑器"对话框中对图块进行编辑。通过以下3种方式可打开"增强属性编辑器"对话框。

- 在菜单栏中执行"修改"|"对象"|"属性"|"单个"命令，根据提示选择所需块。
- 在命令行中输入EATTEDIT命令并按回车键，根据提示选择所需块。
- 双击创建好的属性图块。

执行以上任意一种操作均可打开"增强属性编辑器"对话框，如图6-23所示。在该对话框的"属性"选项卡中可对其文字内容进行更改。在"文字选项"选项卡中可对文字的样式进行设置，如图6-24所示。在"特性"选项卡中可对图块所在的图层属性进行设置，如图6-25所示。

图 6-23

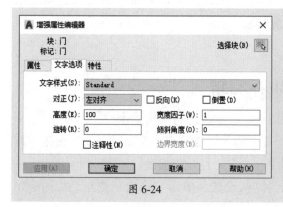

图 6-24

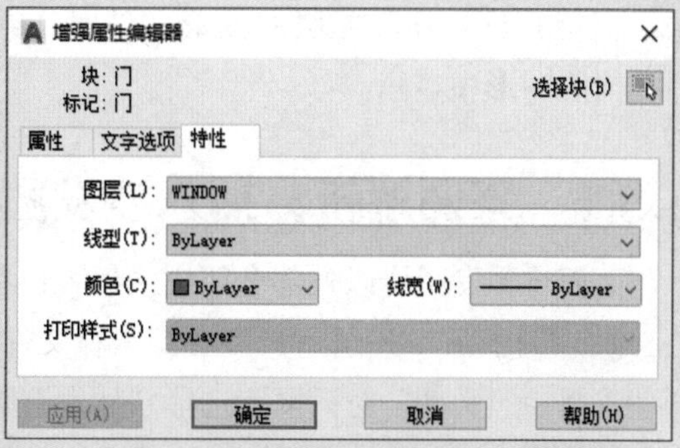

图 6-25

6.2.4 管理块的属性

在"插入"选项卡的"块定义"选项组中单击"管理属性"按钮，即可打开"块属性管理器"对话框，如图6-26所示，在此可编辑定义好的属性图块。

单击"编辑"按钮，可以打开"编辑属性"对话框，在该对话框中可以修改定义图块的属性，如图6-27所示。单击"设置"按钮，可以打开"块属性设置"对话框，如图6-28所示，从中可以设置属性信息的显示方式。

图 6-26

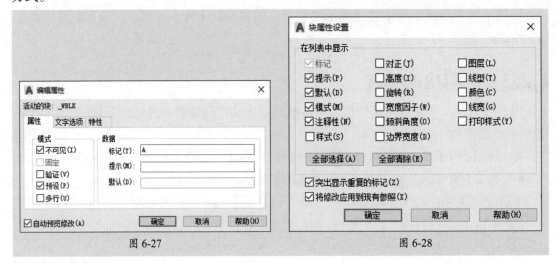

图 6-27   图 6-28

6.3 外部参照的应用

外部参照与块有相似的地方，但也有区别。若在图形中插入块，则该图块将永久性地插入当前图形中，并成为当前图形的一部分。而用外部参照方式将图块插入图形中，被插入图块文件不会直接加入主图形中，只是记录参照关系，例如参照文件的路径信息。当打开具有外部参照的图形文件时，系统会自动把外部参照图形文件重新调入内存并在当前图形中显示。

6.3.1 案例解析：插入沙发图块并编辑

下面将沙发图块以外部参照模式插入户型图中，并对其进行编辑操作。

步骤 01 打开"一居室户型图"素材文件。在"插入"选项卡中单击"附着"按钮，打开"选择参照文件"对话框，选择"沙发"图块，单击"打开"按钮，如图6-29所示。

步骤 02 在"附着外部参照"对话框中保持默认设置，单击"确定"按钮，如图6-30所示。

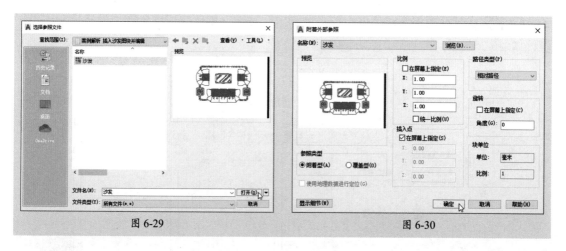

图 6-29   图 6-30

步骤 03 在户型图中指定图块的插入点，插入沙发图块。此时的图块会以半透明状态显示，如图6-31所示。

步骤 04 双击该图块，打开"参照编辑"对话框，选择刚插入的沙发图块，单击"确定"按钮，如图6-32所示。

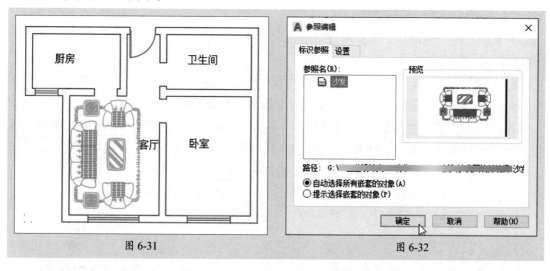

图 6-31   图 6-32

步骤 05 被选沙发图块会突出显示，而其他图形则显示为半透明状态，如图6-33所示。

步骤 06 对沙发图块进行修改，完成后单击"保存修改"按钮，如图6-34所示。

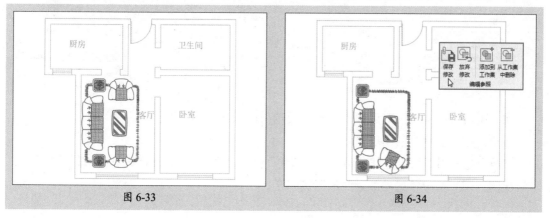

图 6-33   图 6-34

步骤 07 在打开的提示对话框中单击"确定"按钮，即可完成沙发图块的插入和编辑操作，如图6-35所示。

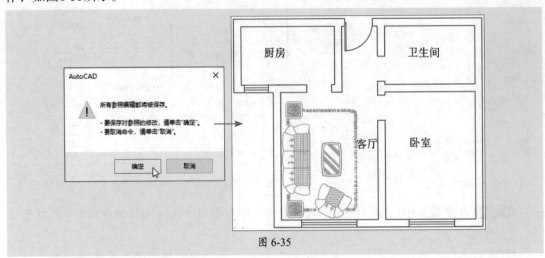

图 6-35

6.3.2 附着外部参照

要使用外部参照图形，先要附着外部参照文件。通过以下两种方法可以调出"附着外部参照"对话框。

- 在菜单栏中执行"工具"|"外部参照和块在位编辑"|"打开参照"命令。
- 在"插入"选项卡的"参照"选项组中单击"附着"按钮📁。

执行以上任意一种操作，都能够打开"选择参照文件"对话框，如图6-36所示。在此选择所需的文件，单击"打开"按钮，即可打开"附着外部参照"对话框，如图6-37所示，可将图形文件以外部参照的形式插入当前图形中。

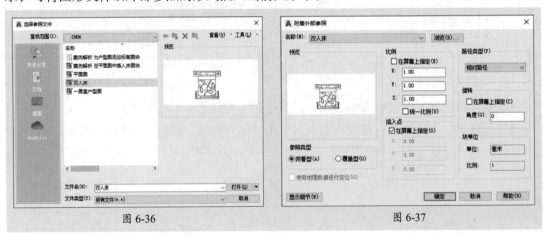

图 6-36   图 6-37

在"附着外部参照"对话框中，各主要选项的含义介绍如下。

预览：用于显示当前图块。

参照类型：用于指定外部参照是"附着型"还是"覆盖型"，默认设置为"附着型"。

比例：用于指定所选外部参照的比例因子。

插入点：用于指定所选外部参照的插入点。

路径类型：用于指定外部参照的路径类型，包括完整路径、相对路径或无路径。若将外部参照指定为"相对路径"，须先保存当前文件。

旋转：用于为外部参照引用指定旋转角度。

块单位：用于显示图块的尺寸单位。

显示细节：单击该按钮，可显示"位置"和"保存路径"选项。"位置"用于显示附着的外部参照的保存位置；"保存路径"用于显示定位外部参照的保存路径，该路径可以是绝对路径（完整路径）、相对路径或无路径。

操作提示

在编辑外部参照时，外部参照文件必须处于关闭状态，如果外部参照文件处于打开状态，程序会提示图形上已存在文件锁。

6.3.3 管理外部参照

利用参照管理器可对外部参照文件进行管理。例如，查看附着DWG文件的文件参照，或者编辑附件的路径。参照管理器是一种外部应用程序，可用于检查图形文件可能附着的任何文件。通过以下3种方式可以打开"外部参照"选项板。

● 在菜单栏中执行"插入"|"外部参照"命令。

● 在"插入"选项卡的"参照"选项组中单击右侧三角箭头按钮 。

● 在命令行中输入XREF命令并按回车键。

执行以上任意一种操作即可打开"外部参照"选项板，如图6-38所示。其中各选项的含义介绍如下。

附着 ：单击"附着"按钮，即可添加不同格式的外部参照文件。

刷新 ：刷新当前图形的参照文件。

更改路径 ：对参照文件的路径进行更改操作。

文件参照：显示当前文件中各种外部参照的名称。"详细信息"列表则会显示参照文件的详细信息，包括参照名、状态、大小、类型、保存路径等。

图 6-38

6.3.4 编辑外部参照

块和外部参照都被视为参照，可以使用"在位编辑参照"命令来修改当前图形中的外部参照，也可以重新定义当前图形中的块。通过以下4种方式可以打开"参照编辑"对话框。

● 在菜单栏中执行"工具"|"外部参照和块在位编辑"|"在位编辑参照"命令。

● 在"插入"选项卡的"参照"选项组中，单击"参照"下拉按钮，在弹出的列表中单击"编辑参照"按钮 。

- 在命令行中输入REFEDIT命令并按回车键。
- 双击需要编辑的外部参照图形。

执行以上任意一种操作,选择参照图形后按回车键,即可打开"参照编辑"对话框,单击"确定"按钮可进入参照编辑状态,如图6-39所示。

图 6-39

6.4　设计中心的应用

通过AutoCAD设计中心,用户可以访问图形、块、图案填充及其他图形内容,可以将原图形中的任何内容拖动到当前图形中使用;还可以在图形之间复制、粘贴对象属性,以避免重复操作。

6.4.1　案例解析:复制客房平面的所有图层

下面将利用设计中心工具,将客房平面图中的所有图层信息都复制到新图形文件中。

步骤 01 新建文件,在"视图"选项卡中单击"设计中心"按钮,打开其选项板,如图6-40所示。

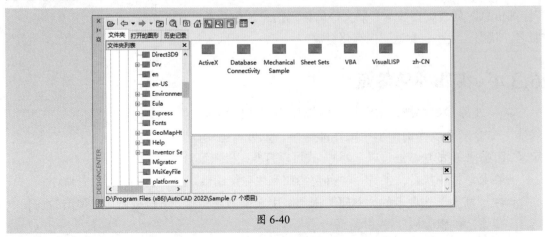

图 6-40

步骤 02 在左侧"文件夹列表"中根据路径找到"客房平面.dwg"素材文件，并在右侧窗口中双击"图层"选项，如图6-41所示。

图 6-41

步骤 03 系统会显示该文件中的所有图层内容。全选图层，将其拖至新文件中即可，如图6-42所示。

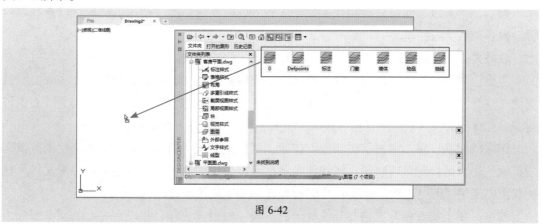

图 6-42

6.4.2 了解设计中心选项板

在"设计中心"选项板中，可以浏览、查找、预览和管理AutoCAD图形。通过以下3种方法可以打开如图6-43所示的选项板。

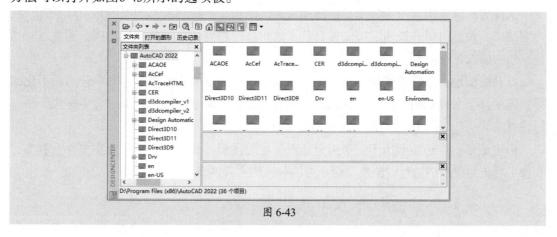

图 6-43

- 在菜单栏中执行"工具"|"选项板"|"设计中心"命令。
- 在"视图"选项卡的"选项板"选项组中单击"设计中心"按钮▦。
- 按Ctrl+2组合键。

从图6-43中可以看出设计中心是由工具栏和选项卡组成的。工具栏主要包括加载、上一级、搜索、主页、树状图切换、预览、说明、视图和内容窗口等工具，选项卡包括文件夹、打开的图形和历史记录。

在"设计中心"选项板的工具栏中，控制了树状图和内容区中信息的浏览和显示。

加载： 单击"加载"按钮，将弹出"加载"对话框，从中可以选择预加载的文件。

上一页： 单击"上一页"按钮，可以返回到前一步操作。如果没有上一步操作，则该按钮呈未激活的灰色状态，表示该按钮无效。

下一页： 单击"下一页"按钮，可以返回到设计中心中的下一步操作。如果没有下一步操作，则该按钮呈未激活的灰色状态，表示该按钮无效。

上一级： 单击该按钮，将会在内容窗口或树状视图中显示上一级内容、内容类型、内容源、文件夹、驱动器等。

搜索： 单击该按钮，将会提供类似于Windows的查找功能，使用该功能可以查找内容源、内容类型及内容等。

收藏夹： 单击该按钮，可以找到常用文件的快捷方式图标。

主页： 单击"主页"按钮，将使设计中心返回到默认文件夹。安装时设计中心的默认文件夹被设置为"···\Sample\DesignCenter"。用户可以在树状结构中选中一个对象，右击该对象后在弹出的快捷菜单中选择"设置为主页"命令，即可更改默认文件夹。

树状图切换： 单击"树状图切换"按钮，可以显示或者隐藏树状图。如果绘图区域需要扩大，用户可以隐藏树状图。树状图隐藏后可以使用内容区域浏览器加载图形文件。在树状图中使用"历史记录"选项卡时，"树状图切换"按钮不可用。

预览： 用于实现预览窗格打开或关闭的切换。如果选定项目是没有保存的预览图像，则预览区域为空。

视图： 确定选项板所显示内容的不同格式，用户可以从视图列表中选择一种视图。

在"设计中心"选项板中，根据不同用途可分为文件夹、打开的图形和历史记录3个选项卡。下面将分别对其进行说明。

文件夹： 该选项卡用于显示导航图标的层次结构。选择层次结构中的某一对象时，在内容窗口、预览窗口和说明窗口中将会显示该对象的内容信息。利用该选项卡还可以向当前文档中插入各种内容。

打开的图形： 该选项卡用于显示在当前绘图区中打开的所有图形，其中包括最小化图形。选中某个文件选项，则可查看该图形的有关设置，例如图层、线型、文字样式、块、标注样式等。

历史记录： 该选项卡用于显示用户最近浏览的图形。显示历史记录后在文件上右击，在弹出的快捷菜单中选择"浏览"命令可以显示该文件的信息。

6.4.3 插入设计中心内容

使用设计中心功能，可以很方便地在当前图形中插入图块、引用图像和外部参照，及在图形之间复制图层、图块、线型、文字样式、标注样式和用户定义等内容。

打开"设计中心"选项板，在"文件夹列表"中，查找文件的保存目录，并在内容区域选择需要作为块插入的图形，右击鼠标，在弹出的快捷菜单中选择"插入为块"命令，打开"插入"对话框，单击"确定"按钮即可，如图6-44所示。

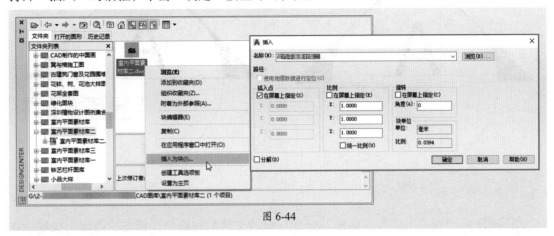

图 6-44

课堂实战 为三居室平面图添加立面指向图块

立面指向图标在施工图中是必须要有的。施工人员会根据平面图中所绘制的指向标识，并结合相应的立面图进行施工。下面将为三居室平面图添加立面指向图块，从而完善平面图。

步骤 01 利用直线、圆形、镜像、修剪、图案填充命令绘制如图6-45所示的图形。

步骤 02 执行"定义属性"命令，打开"属性定义"对话框，将"标记"和"默认"属性都设置为A，将"文字高度"设置为300，如图6-46所示。

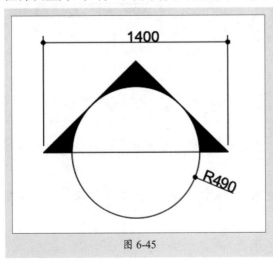

图 6-45

图 6-46

步骤 03 单击"确定"按钮返回绘图区，指定标记符号的基点，如图6-47所示。单击完成创建。

步骤 04 执行"写块"命令，打开"写块"对话框。分别单击"选择对象"按钮和"拾取点"按钮来选择图形并指定插入点，如图6-48所示。

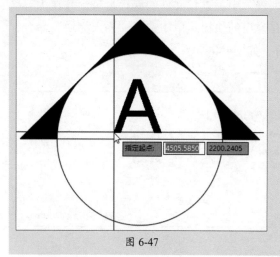

图 6-47

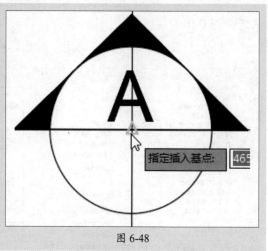

图 6-48

步骤 05 返回到"写块"对话框，设置目标的文件名和路径，单击"确定"按钮，如图6-49所示。

步骤 06 打开"三居室平面布置图"素材文件。执行"插入块"命令，打开"块"选项板，选择刚保存的图块，将其拖曳至平面图的合适位置，如图6-50所示。

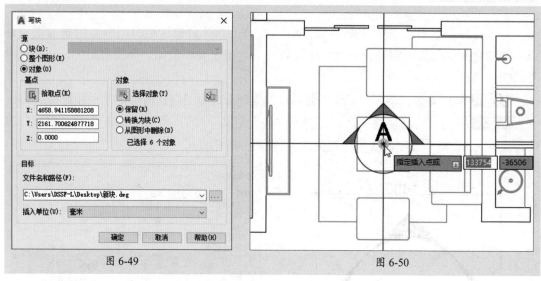

图 6-49

图 6-50

步骤 07 在打开的"编辑属性"对话框中，直接单击"确定"按钮，完成该标识图块的插入操作，如图6-51所示。

步骤 08 执行"复制"和"旋转"命令，复制指向标识图块，并进行旋转操作，将其放置在平面图其他所需位置处，如图6-52所示。

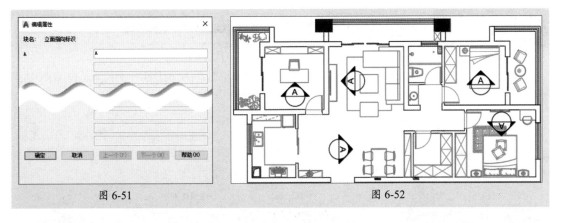

图 6-51　　　　　　　　　　　　　　　　　　图 6-52

步骤 09 双击其中一个指向标识图块，在弹出的"增强属性编辑器"对话框中，根据需要修改"属性"值，如图6-53所示。

图 6-53

步骤 10 按照同样的方法修改其他方向指示符，完成操作，如图6-54所示。

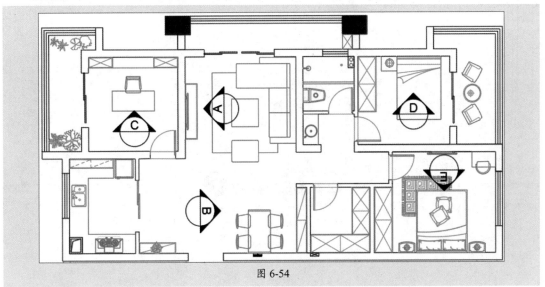

图 6-54

141

课后练习 创建平面门图块

本实例将利用相关绘图命令绘制房门平面图形，将其创建为图块，并插入户型图中，如图6-55所示。

图 6-55

1. 技术要点

步骤 01 执行"矩形""弧"等命令，绘制房门平面图。

步骤 02 执行"创建块"命令，将房门平面图创建成块。

步骤 03 复制、旋转图块至各门洞处。

2. 分步演示

本案例的分步演示效果如图6-56所示。

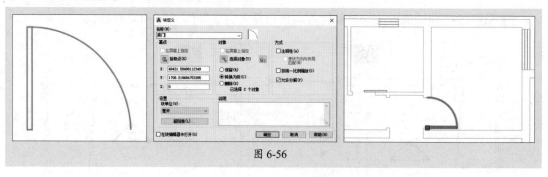

图 6-56

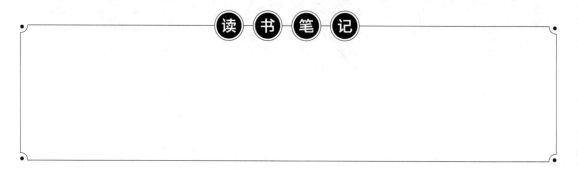

读 书 笔 记

拓展赏析

合理的厨房布局是什么样的

在设计厨房时，不能一味地追求美观的外形和高档的材质，合理的空间布局才是最重要的。无论厨房空间大还是小，首先要保证有足够的活动空间。一般来说，厨房通道的宽度范围通常为760～900mm，如图6-57所示，如果再窄就会有不适感。而对于大厨房，只需考虑通道的畅通性即可。其次，需要考虑操作台和吊柜的尺寸是否合适。

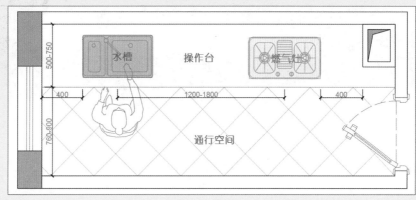

图 6-57

1. 操作台

如果厨房面积够大，操作台台面宽度可以保持在600～750mm，宽敞的台面使用起来比较舒服，洗菜做饭都很方便。如果厨房面积较小，宽度最窄可以做到500mm。一般操作台高度通常为800～850mm。当然，这也是根据使用者的身高来制定。根据人体工程学原理及厨房操作行为特点，工作台应划分为不等高的两个区域。水槽、操作台为高区，燃气灶为低区，如图6-58所示。如果想更精准，以使用者身高除以2再加20mm，即可计算出操作台面的高度。

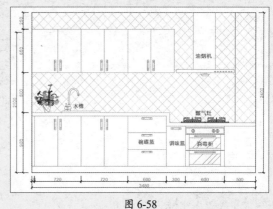

图 6-58

2. 吊柜

通常情况下，吊柜的使用与工作区的操作是有冲突的。如果吊柜高度较低，方便取放物品，头部就容易碰到柜门；而吊柜高度设置较高时，取放东西又不方便。所以，常用吊柜顶端高度不宜超过2300mm，底端距地面最小距离为1450mm，让使用者能够站直身体时视平线对准吊柜底层，不用踮起脚尖就能存取物品。

吊柜深度一般为320～400mm，其底端与操作台面的距离为600～700mm。吊柜长度则可依据厨房空间进行合理配置，让使用者感到舒适方便即可。

143

素材文件

第7章

文字注释与表格的应用

内容导读

在图纸中添加文字注释是很有必要的。这些注释能够帮助使用者明确地了解设计师的设想，例如装修所用的材料、施工技法等。本章将着重对注释内容的添加以及相关材料表格的创建进行介绍。

思维导图

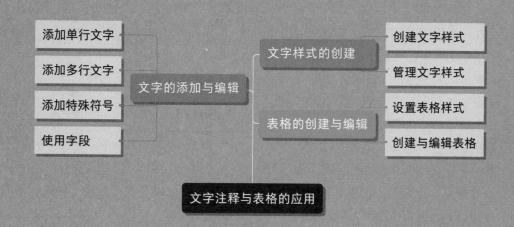

7.1 文字样式的创建

在图纸中添加文字之前，先要对其文字的样式进行设置。例如设置文字大小、文字字体、文字颜色等。

7.1.1 案例解析：新建文字样式

下面以创建"注释"样式为例，来介绍具体的创建操作。

步骤01 在菜单栏中执行"格式"|"文字样式"命令，打开"文字样式"对话框，单击"新建"按钮，打开"新建文字样式"对话框，设置新建样式名为"注释"，如图7-1所示。

步骤02 单击"确定"按钮，返回上一层对话框。将"字体名"设置为"仿宋_GB2312"，将"高度"设置为200，单击"置为当前"按钮，将其应用于当前文字样式，如图7-2所示。关闭对话框完成新建操作。

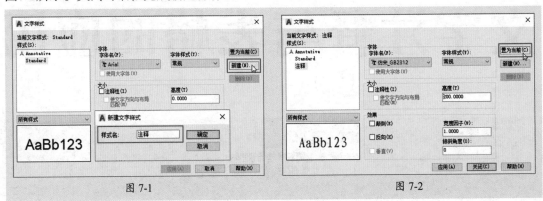

图 7-1   图 7-2

7.1.2 创建文字样式

文字样式需要在"文字样式"对话框中进行设置，可以通过以下4种方式打开"文字样式"对话框，如图7-3所示。

- 执行菜单栏中的"格式"|"文字样式"命令。
- 在"默认"选项卡的"注释"选项组中单击其下拉按钮，在打开的列表中单击"文字注释"按钮 A 。
- 在"注释"选项卡的"文字"选项组中单击右下角箭头 ⬊ 。
- 在命令行中输入ST命令并按回车键。

执行以上任意一种操作后，在"文字样

图 7-3

式"对话框中，可以对当前默认的文字样式进行修改，也可以新建一个文字样式。下面将对一些常用的设置选项进行简单说明。

样式：显示已有的文字样式。单击"所有样式"列表框右侧的三角符号，在弹出的列表中可以选择样式类别。

字体: 包含"字体名"和"字体样式"选项。"字体名"用于设置文字注释的字体。"字体样式"用于设置字体格式,例如斜体、粗体或者常规字体。

大小: 包含"注释性""使文字方向与布局匹配"和"高度"选项。其中,"注释性"用于指定文字为注释,"高度"用于设置字体的高度。

效果: 用于修改字体的特性,如宽度因子、倾斜角度以及是否颠倒显示。

置为当前: 将选定的样式置为当前样式。

新建: 用于创建新的样式。

删除: 选择"样式"列表框中的样式,会激活"删除"按钮,单击该按钮即可删除样式。

7.1.3 管理文字样式

如果文字样式创建太多,难免会给操作带来一些麻烦,这时可对这些新建的样式进行统一管理。例如,将样式重命名、将样式设置为当前使用样式、删除多余的样式等。

打开"文字样式"对话框,在文字样式上单击鼠标右键,在弹出的快捷菜单中选择"重命名"命令,输入"标注"后按回车键即可重命名,如图7-4所示。选中"标注"样式名,单击"置为当前"按钮,即可将其置为当前样式,如图7-5所示。

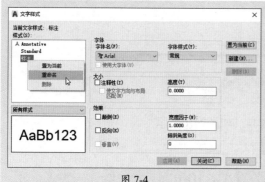

图 7-4

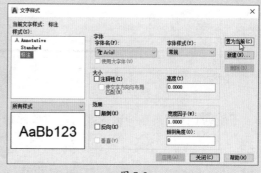

图 7-5

如果想要删除多余的文字样式,只需右击所需样式,在弹出的快捷菜单中选择"删除"命令即可,如图7-6所示。

操作提示

在删除文字样式时,有两种样式无法删除:①当前使用的文字样式不能删除;②系统自带的文字样式也不能删除。

图 7-6

7.2 文字的添加与编辑

在AutoCAD软件中可以创建两种文字类型：单行文字和多行文字。下面将分别对这两类文字的添加与编辑操作进行介绍。

7.2.1 案例解析：为平面图添加图示

下面将利用多段线和多行文字命令为三居室平面图添加图示。

步骤 01 打开"三居室平面图"素材文件。执行"多段线"命令，在图纸下方绘制两条线宽为50mm的多段线，长度适中即可，如图7-7所示。

步骤 02 执行"分解"命令，选中第2条多段线，将其进行分解，如图7-8所示。

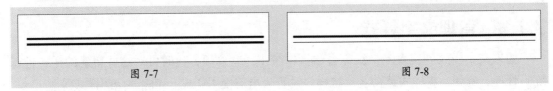

图 7-7　　　　　　　　　　　　　　　　　　图 7-8

步骤 03 执行"多行文字"命令，在多段线上方指定文本的起点，拖动鼠标框选出文本编辑区域，如图7-9所示。

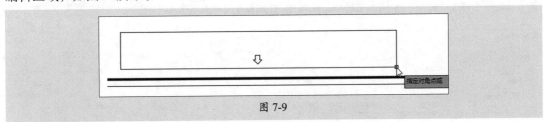

图 7-9

步骤 04 在该文本编辑区域输入图纸标题文本，如图7-10所示。

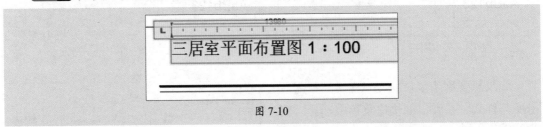

图 7-10

步骤 05 选中输入的标题文本，在"文字编辑器"选项卡的"样式"选项组中，将"注释性"设置为500；在"格式"选项组中，将字体设置为"仿宋_GB2312"，并加粗显示，如图7-11所示。

图 7-11

步骤 06 设置完成后，单击文字编辑区域外任意一点，即可完成该平面图图示的添加操作，如图7-12所示。

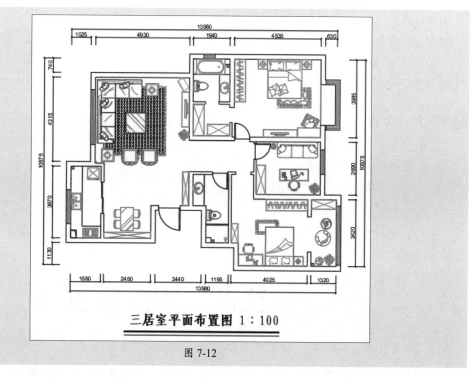

三居室平面布置图 1:100

图 7-12

7.2.2　添加单行文字

单行文字命令主要用于创建简短的文本内容。在输入过程中，按回车键即可将单行文本分为两行。每行文字是一个独立的文字对象。

1. 创建单行文字

通过以下4种方式可调用单行文字命令。

- 在菜单栏中执行"绘图"｜"文字"｜"单行文字"命令。
- 在"默认"选项卡的"注释"选项组中单击"文字"下拉按钮，在弹出的下拉列表中选择"单行文字"选项。
- 在"注释"选项卡的"文字"选项组中单击"多行文字"下拉按钮，在弹出的下拉列表中选择"单行文字"选项。
- 在命令行中输入TEXT命令并按回车键。

执行"单行文字"命令后，在绘图区指定一点作为文字起点，根据提示输入高度和旋转角度，然后输入文字内容，单击绘图区空白处，按Esc键即可完成单行文字的创建操作，如图7-13所示。

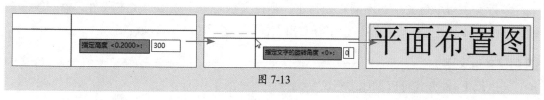

图 7-13

命令行提示如下：

```
命令: _text
当前文字样式："Standard" 文字高度: 2.5000 注释性: 否 对正: 左
指定文字的起点 或 [对正(J)/样式(S)]:（指定文字插入点）
指定高度 <2.5000>: <正交 开> 300（输入文字高度值，按回车键）
指定文字的旋转角度 <0>: 0（输入旋转角度值，采用默认值，按回车键）
```

2. 编辑单行文字

文字输入后，用户可对输入的文字内容进行编辑。通过以下3种方式可执行文本编辑命令。

- 在菜单栏中执行"修改"|"对象"|"文字"|"编辑"命令。
- 在命令行中输入TEXTEDIT命令并按回车键。
- 双击单行文本。

执行以上任意一种方法，即可进入文字编辑状态，在此可对文字内容进行修改操作，如图7-14所示。

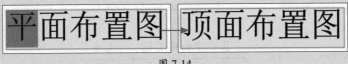

图 7-14

如果要对文字的高度进行调整，可右击单行文字，在弹出的快捷菜单中选择"特性"命令，在"特性"选项板中的"文字"选项组修改高度值即可，如图7-15所示。

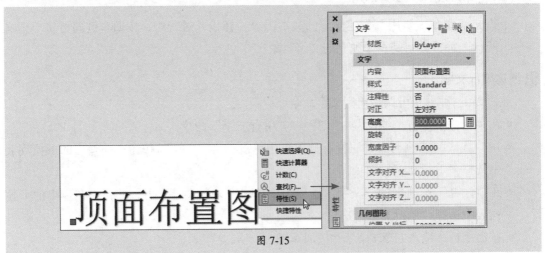

图 7-15

7.2.3 添加多行文字

多行文字与单行文字的不同之处在于，多行文字是一个或多个文本段落，每一段落都视为一个整体来处理。在绘图区指定好对角点即可创建多行文本区域。

1. 创建多行文字

通过以下4种方式可以调用多行文字命令。

- 在菜单栏中执行"绘图"|"文字"|"多行文字"命令。
- 在"默认"选项卡的"注释"选项组中单击"多行文字"按钮 A 。
- 在"注释"选项卡的"文字"选项组中单击"多行文字"按钮 A 。
- 在命令行中输入MTEXT命令并按回车键。

执行"多行文字"命令后，在绘图区指定对角点，创建文字编辑框，在该编辑框中输入文字内容即可。输入后单击绘图区空白处，即可创建多行文本。

命令行提示如下：

```
命令: _mtext
当前文字样式:"文字注释" 文字高度: 180 注释性: 否
指定第一角点: （指定两个对角点）
指定对角点或 [高度(H)/对正(J)/行距(L)/旋转(R)/样式(S)/宽度(W)/栏(C)]:
```

2. 编辑多行文字

编辑多行文字和单行文字的方法一致，双击多行文字即可进入编辑状态，同时，系统会自动打开"文字编辑器"选项卡，在此用户可根据需要设置相应的文字样式，如图7-16所示。

图 7-16

用户也可以通过"特性"选项板修改文字内容、文字样式、文字高度等，具体方法与编辑单行文字相同。

7.2.4 添加特殊符号

在绘图过程中经常会输入一些特殊的符号，例如度数符号、直径符号、上下标、百分号等。下面将对其添加方法进行介绍。

1. 在单行文本命令中输入特殊符号

输入单行文字时，用户可通过控制码来实现特殊字符的输入。控制码由两个百分号和一个字母（或一组数字）组成。常见控制码如表7-1所示。

表 7-1

控制码	功 能	控制码	功 能
%%O	上划线（成对出现）	\U+2220	角度∠
%%U	下划线（成对出现）	\U+2248	几乎等于≈
%%D	度数（°）	\U+2260	不相等≠
%%P	正负公差（±）	\U+0394	差值△
%%C	直径（⌀）	\U+00B2	上标2
%%%	百分号（%）	\U+2082	下标2

2. 在多行命令中输入特殊符号

输入多行文字时，可在"文字编辑器"选项卡中单击"符号"下拉按钮，在列表中选择所需的符号，如图7-17所示，或者在"符号"列表中选择"其他"选项，通过"字符映射表"对话框来插入，如图7-18所示。当然，用户也可直接通过输入符号控制码来操作。

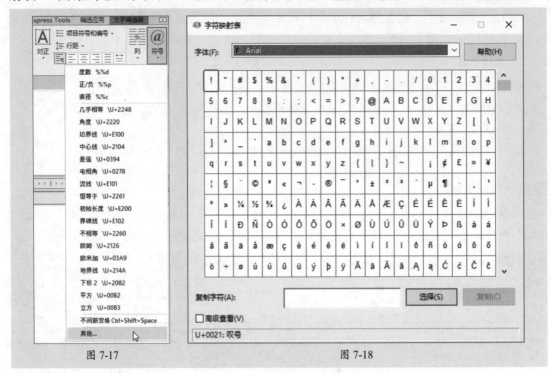

图 7-17   图 7-18

7.2.5　使用字段

字段也是文字的一种，它是自动更新的智能文字。在施工图中经常会用到一些随设计内容不同而变化的文字或数据，例如引用的视图方向、修改设计中的建筑面积、重新编号后的图纸等。像这些文字或数据，可以采用字段的方式引用。当字段所代表的文字或数据发生变化时，字段会自动更新，而不需要手动修改。

1. 插入字段

用户可通过以下5种方式来插入所需的字段内容。

● 在菜单栏中执行"插入"|"字段"命令。

● 在"插入"选项卡的"数据"选项组中单击"字段"按钮 。

● 在命令行中输入FIELD命令，然后按回车键。

● 在文字输入框中单击鼠标右键，在弹出的快捷菜单中选择"插入字段"命令。

● 在"文字编辑器"选项卡的"插入"选项组中单击"字段"按钮。

执行以上任意一种操作都可打开"字段"对话框。单击"字段类别"下拉按钮，在打开的列表中可以看到字段的类别，其中包括打印、对象、其他、全部、日期和时间、图纸集、文档和已链接8个类别选项，选择其中任意选项，都会打开与之相应的样例列表，并对其进行设置，如图7-19和图7-20所示。

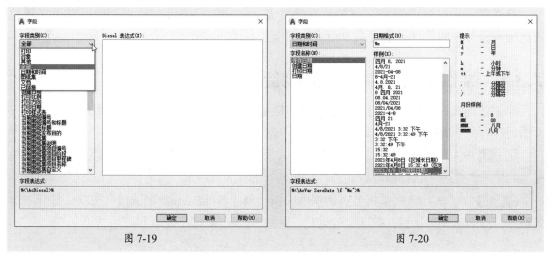

图 7-19 　　　　　　　　　　　　　图 7-20

字段所使用的文字样式与其插入到的文字所使用的样式相同。默认情况下，字段将显示为浅灰色。

2. 更新字段

更新字段时，将显示最新的值。在此可单独更新字段，也可在一个或多个选定文字中更新所有字段。通过以下3种方式进行更新字段的操作。

- 选择文本，单击鼠标右键，在弹出的快捷菜单中选择"更新字段"命令。
- 在命令行中输入UPD命令并按回车键。
- 在命令行中输入FIELDEVAL命令并按回车键，根据提示输入合适的位码即可。该位码是常用标注控制符中任意值的和。如果仅在打开、保存文件时更新字段，可输入数值3。

常用标注控制符说明如下。

0值：不更新。

1值：打开时更新。

2值：保存时更新。

4值：打印时更新。

8值：使用ETRANSMIT时更新。

16值：重生成时更新。

操作提示

字段插入后，如果想对其进行编辑，可右击字段，在弹出的快捷菜单中选择"编辑字段"命令，即可在"字段"对话框中进行设置。如果选择"将字段转换为文字"命令即可将字段转换成正常的文字内容。

7.3 表格的创建与编辑

表格在图纸中也会用到，例如装修材料表、灯具设备表等。使用表格可以很直观地表达出所需材料的信息。下面将介绍表格的创建与编辑操作。

7.3.1 案例解析：调用灯具设备表

如果有现成的材料表，用户可通过数据链接功能将现有的材料表调入图纸中，以节省绘图的时间。下面就以"灯具设备表"为例介绍具体的调用操作。

步骤 01 执行"表格"命令，打开"插入表格"对话框。选中"自数据链接"单选按钮，并单击右侧的"数据链接管理器"按钮⊞，如图7-21所示。

步骤 02 在"选择数据链接"对话框中选择"创建新的Excel数据链接"选项，打开"输入数据链接名称"对话框，输入文件名称，如图7-22所示。

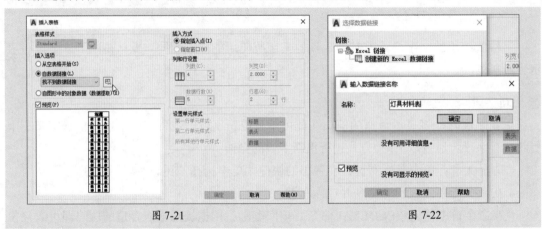

图 7-21　　　　　　　　　　　　　　　图 7-22

步骤 03 单击"确定"按钮，在"新建Excel数据链接"对话框中单击按钮 ，如图7-23所示。

步骤 04 在"另存为"对话框中选择要调入的表格文件，单击"打开"按钮，如图7-24所示。

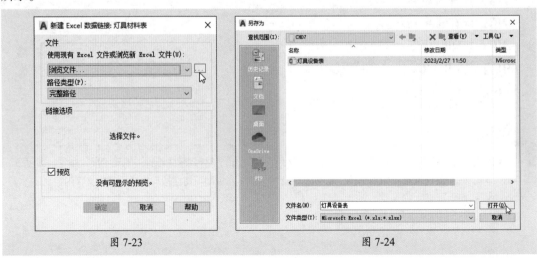

图 7-23　　　　　　　　　　　　　　　图 7-24

步骤 05 返回到上一层对话框，在"预览"框中可预览表格内容，确认正确后，依次单击"确定"按钮，返回到"插入表格"对话框，如图7-25所示。

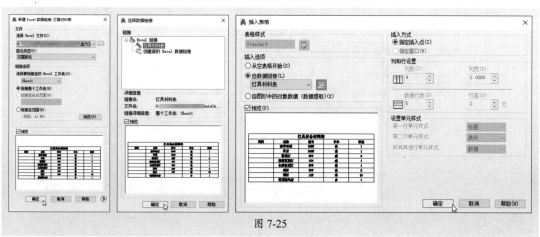

图 7-25

步骤 06 在绘图区中指定插入点即可导入表格内容，如图7-26所示。

灯具设备材料表				
图例	名称	型号	单位	数量
	豪华吊顶	300W	套	1
	吊顶	100W	套	1
	吸顶灯	60W	套	3
	防潮吸顶灯	40W	套	1
	木质吸顶灯	60W	套	1
	壁灯	20W	套	2
	筒灯	11W	套	10
	吸顶排风扇		台	1

图 7-26

步骤 07 选中表格，拖动表格下方左侧的三角夹点，将其向下移动至合适位置，可调整表格的行高，如图7-27所示。

步骤 08 拖动表格右上角的三角夹点，将其向左移动至合适位置，可调整表格的宽度，如图7-28所示。

图 7-27

图 7-28

步骤 09 将所有灯具图块按照"名称"分别插入"图例"列中，如图7-29所示。至此，灯具设备材料表制作完毕。

灯具设备材料表				
图例	名称	型号	单位	数量
✳	豪华吊顶	300W	套	1
Ⓓ	吊顶	100W	套	1
⊕	吸顶灯	60W	套	3
○	防潮吸顶灯	40W	套	1
⊞	木质吸顶灯	60W	套	1
Ⓑ	壁灯	20W	套	2
⊕	筒灯	11W	套	10
⊠	吸顶排风扇		台	1

图 7-29

操作提示

调入的表格无法修改。若要修改，可双击要修改的单元格，在"表格单元"选项卡中单击"单元锁定"下拉按钮，选择"解锁"选项。

7.3.2 设置表格样式

与文字相同，在插入表格之前，也需要对表格的样式进行设定。在"表格样式"对话框中可以选择设置表格样式的方式，通过以下3种方式可打开"表格样式"对话框。

● 在菜单栏中执行"格式"|"表格样式"命令。

● 在"注释"选项卡中单击"表格"选项组右下角的箭头。

● 在命令行中输入TABLESTYLE命令并按回车键。

打开"表格样式"对话框后单击"修改"按钮，可打开"修改表格样式"对话框，如图7-30所示。

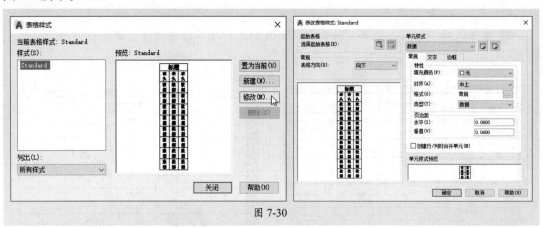

图 7-30

在"修改表格样式"对话框的"单元样式"选项组中，包含"标题""表头""数据"

样式选项，如图7-31所示。选择其中任意一项，便可在"常规""文字"和"边框"3个选项卡中分别设置相应样式。

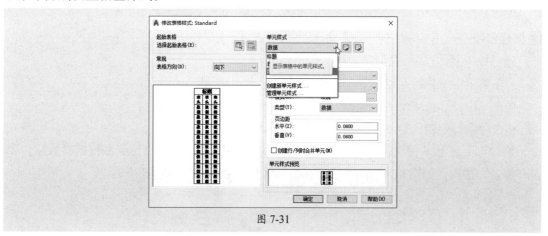

图 7-31

1. 常规

在"常规"选项卡中可以设置表格的颜色、对齐方式、格式、类型和页边距等特性。

填充颜色： 设置表格的背景填充颜色。

对齐： 设置表格文字的对齐方式。

格式： 设置表格中的数据格式，单击右侧的按钮 ⬚，在打开的"表格单元格式"对话框中设置即可。

类型： 设置为数据类型或标签类型。

页边距： 设置表格内容距边线的水平和垂直距离。

2. 文字

切换到"文字"选项卡，在该选项卡中主要设置文字的样式、高度、颜色、角度等，如图7-32所示。

3. 边框

切换到"边框"选项卡，在该选项卡中可以设置表格边框的线宽、线型、颜色等选项。此外，还可以设置有无边框或是否是双线，如图7-33所示。

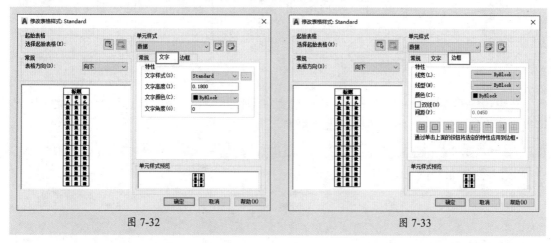

图 7-32　　　　　　　　　　　　　图 7-33

7.3.3 创建与编辑表格

表格样式设置好后，接下来就可以通过"表格"命令来创建表格了。

1. 创建表格

通过以下3种方式可以创建表格。

- 在菜单栏中执行"绘图"|"表格"命令。
- 在"注释"选项卡的"表格"选项组中单击"表格"按钮▦。
- 在命令行中输入TABLE命令并按回车键。

执行以上任意一种操作后，即可打开"插入表格"对话框，设置列和行的参数后，单击"确定"按钮，如图7-34所示，然后在绘图区指定插入点即可创建表格。

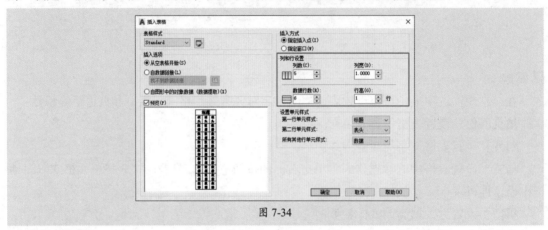

图 7-34

2. 编辑表格

表格创建后，用户便可在单元格中输入文字内容了，如图7-35所示。此外，还可以通过拖曳表格四周的编辑夹点来调整表格的行高和列宽，如图7-36所示。

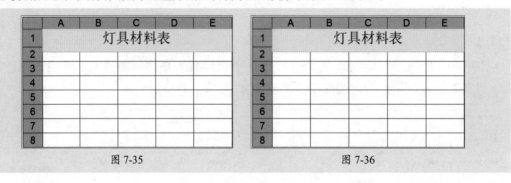

图 7-35   图 7-36

在表格中单击所需编辑的单元格，系统会自动打开"表格单元"选项卡，在此，用户可以对表格的格式进行详细设置，如图7-37所示。

图 7-37

课堂实战 为三居室拆建墙体图添加注释

下面将运用本章所学的知识点，为三居室拆建墙体图添加文字注释与图示。

步骤 01 执行"文字样式"命令，打开"文字样式"对话框，选择默认文字样式，将其"字体名"设置为"宋体"，并单击"置为当前"按钮将其设置为当前样式，如图7-38所示。

步骤 02 执行"单行文字"命令，指定文字的起点，将文字高度设置为300，旋转角度设置为0，输入注释内容，如图7-39所示。

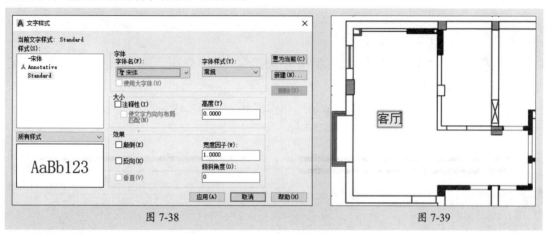

图 7-38　　　　　　　　　　　　　图 7-39

步骤 03 输入文字后，单击空白处，按Esc键退出操作。执行"面积"命令，沿着客厅墙体依次捕捉测量点，按回车键，测量出客厅面积，如图7-40所示。

步骤 04 执行"单行文字"命令，字体高度保持不变，在客厅区域输入面积数据，如图7-41所示。

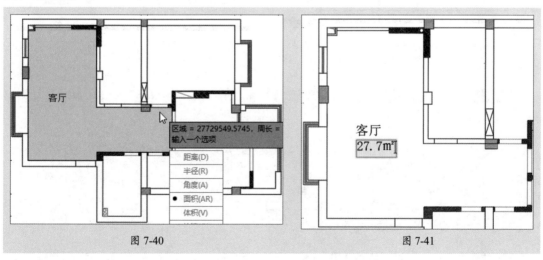

图 7-40　　　　　　　　　　　　　图 7-41

步骤 05 将客厅区域的文字复制到其他区域中，如图7-42所示。

步骤 06 继续执行"面积"命令，分别对其他区域的面积进行测量。双击要修改的文字，对其内容进行修改，如图7-43所示。

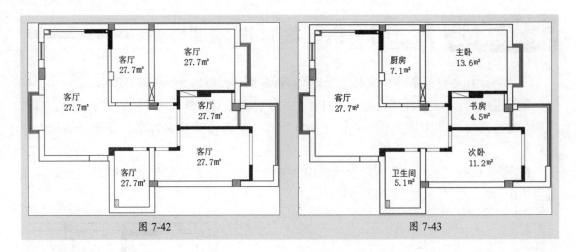

图 7-42   图 7-43

步骤 07 执行"多段线"命令，在图纸下方绘制两条多段线，多段线的起点宽度、端点宽度均设置为100，如图7-44所示。

步骤 08 执行"分解"命令，分解第二条多段线，如图7-45所示。

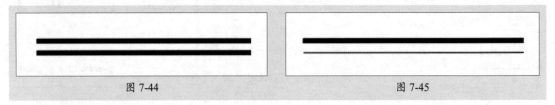

图 7-44   图 7-45

步骤 09 执行"多行文字"命令，拖动鼠标设置文字范围，如图7-46所示。

步骤 10 在文字编辑矩形框中输入图纸标题，如图7-47所示。

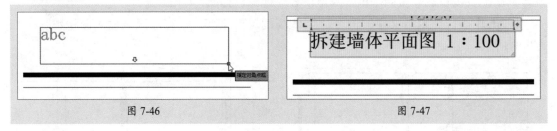

图 7-46   图 7-47

步骤 11 选中标题内容，在"文字编辑器"选项卡中将"注释性"设置为400，加粗显示，如图7-48所示。

图 7-48

步骤 12 设置完成后，单击空白区域完成图示内容的输入操作，如图7-49所示。

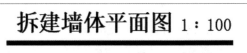

图 7-49

课后练习 为插座平面图添加注释

本实例将利用单行文字命令，为插座平面图添加相应的文字注释，如图7-50所示。

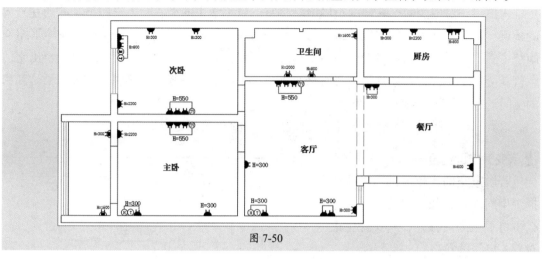

图 7-50

1. 技术要点

步骤 01 执行"单行文字"命令，设置文字高度，对各空间的功能进行注释。

步骤 02 执行"单行文字"和"直线"命令，重新设置文字高度，对各插座标识进行文字说明。

2. 分步演示

本案例的分步演示效果如图7-51所示。

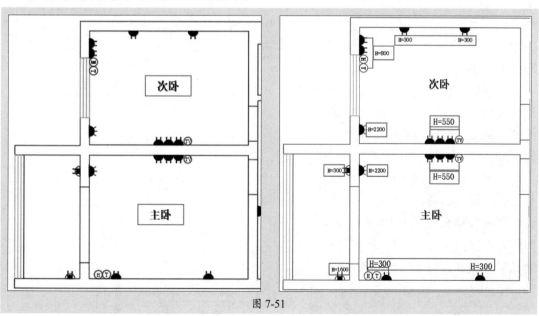

图 7-51

化解"开门见厕"的小妙招

入户门正对卫生间，这样的布局绝对是室内风水学中的大忌。入户门是家庭通往外界的桥梁，也是引气入室的主要通道。从入户门引入的气流（阳气、财气）会在整个居室空间绕一圈，如果入户门对着卫生间门，那么气流就会先进入卫生间。可想而知，再出来的空气就会带上污秽，住户的运气势必会受到影响，如图7-52所示。再说，卫生间乃是私密的空间，进门见厕，着实让人尴尬。

这类户型，能不选就不选。实在无法避免，那么也可通过以下两招来化解。

1. 改变卫生间门位

若居室空间比较大，可重新选择卫生间区域；如果空间有限，那么可将卫生间门移开，只要避免正对着入户门就好。

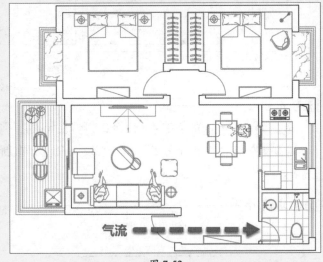

图 7-52

2. 设立隔断

如果门厅区域比较大，可以考虑在入户门处设立隔断。这样的话气流会随着该隔断被引入客厅空间，如图7-53所示。

如果入户门与卫生间的距离较小，无法设立隔断，卫生间的门也无法移位，那么可在卫生间门口悬挂门帘。该门帘最好是选择竹帘或水晶帘，以此来阻隔卫生间所产生的污秽之气。

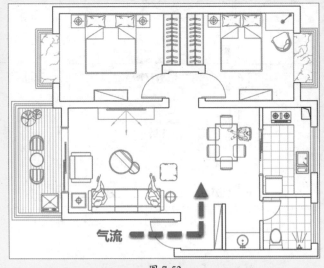

图 7-53

素材文件

第 **8** 章

图形尺寸标注的应用

内容导读

　　尺寸标注可用于表达各图形之间的大小和位置关系，是图形设计中的一个重要步骤，也是施工的重要依据。本章将着重对尺寸标注的应用进行讲解，其中包含标注样式的创建、尺寸标注的添加与编辑、多重引线的添加等。

思维导图

图形尺寸标注的应用

- 创建多重引线
- 设置多重引线样式

多重引线的创建与设置

- 编辑标注文本
- 使用"特性"选项板编辑尺寸标注

编辑尺寸标注

尺寸标注的组成与规则
- 标注的组成要素
- 尺寸标注的规则

尺寸标注的设置与应用
- 新建标注样式
- 设置标注样式
- 室内常用尺寸标注
- 快速引线

8.1　尺寸标注的组成与规则

尺寸标注在绘图中占据着重要地位，它是精准绘图的表现。依据图纸中的尺寸，施工人员才能够将设计师的设想变为现实。为了让用户更好地掌握尺寸标注功能，本节就先对尺寸标注的组成要素以及标注原则进行介绍。

8.1.1　标注的组成要素

一般情况下，完整的尺寸标注由尺寸界线、尺寸线、箭头和标注文字4个部分组成，如图8-1所示。

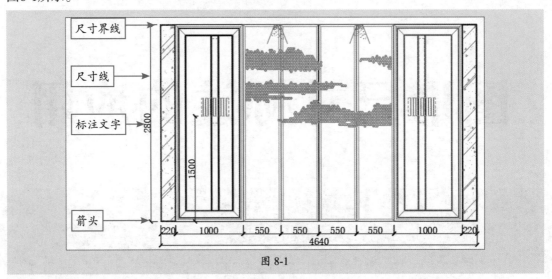

图 8-1

下面具体介绍尺寸标注中基本要素的作用与含义。

尺寸界线： 也称为投影线。一般情况下与尺寸线垂直，有时也可将其倾斜。

尺寸线： 显示标注范围，一般情况下与图形平行。在标注圆弧和角度时是圆弧线。

标注文字： 显示标注所属的数值，用于反映图形尺寸。特殊尺寸（半径、直径）数值前会有相应的标注符号。

箭头： 用于显示标注的起点和终点，箭头的表现方法有很多种，可以是斜线、块和其他用户自定义符号。

8.1.2　尺寸标注的规则

在进行尺寸标注时，用户须遵循以下几点基本规则。

（1）图纸中的每个尺寸只标注一次，并标注在最容易查看物体相应结构特征的图形上。

（2）在进行尺寸标注时，若使用的单位是mm，则不需要计算单位和名称。若使用其他单位，则需要注明相应计量的代号或名称。

（3）尺寸的配置要合理，功能尺寸应该直接标注。尽量避免在不可见的轮廓线上标注尺寸，数字之间不允许有任何图线穿过，必要时可以将图线断开。

（4）图形上所标注的尺寸数值应是按工程图完工的实际尺寸，否则需要另外说明。

8.2 尺寸标注的设置与应用

与文字注释相同，在对图形进行尺寸标注时，先要对尺寸样式进行设置，然后再进行相应的标注操作。

8.2.1 案例解析：为一居室平面图添加尺寸标注

下面将利用标注样式功能、线性标注和连续标注命令来对一居室平面图进行尺寸标注。

步骤 01 打开"一居室平面图"素材文件。执行"标注样式"命令，打开"标注样式管理器"对话框，如图8-2所示。

步骤 02 单击"修改"按钮，打开"修改标注样式"对话框。在"主单位"选项卡中设置单位精度为0，如图8-3所示。

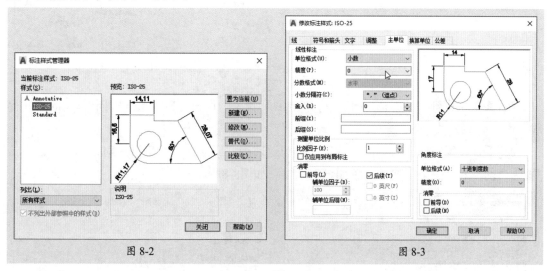

图 8-2　　　　　　　　　　　　　　　　　　　图 8-3

步骤 03 切换到"调整"选项卡，选中"文字始终保持在尺寸界线之间"单选按钮，选中"若箭头不能放在尺寸界线内，则将其消除"复选框，其余保持默认设置，如图8-4所示。

图 8-4

步骤 04 切换到"文字"选项卡，设置"文字颜色"为红色，"文字高度"为160，将"从尺寸线偏移"设置为10，如图8-5所示。

步骤 05 切换到"符号和箭头"选项卡，设置箭头符号为"建筑标记"，"箭头大小"为80，如图8-6所示。

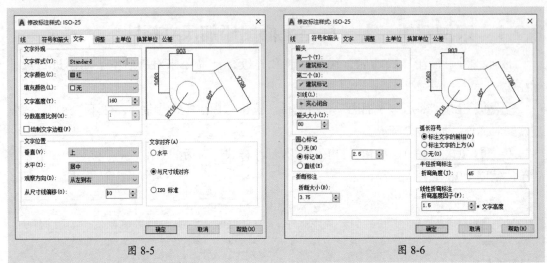

图 8-5   图 8-6

步骤 06 切换到"线"选项卡，将"超出尺寸线"设置为80，将"固定长度的尺寸界线"设置为250，如图8-7所示。

步骤 07 设置完毕后，单击"确定"按钮返回到"标注样式管理器"对话框。依次单击"置为当前"和"关闭"按钮，关闭该对话框，如图8-8所示。

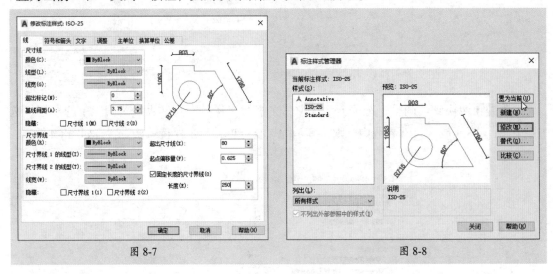

图 8-7   图 8-8

步骤 08 执行"线性"命令，捕捉平面图左下角第一个测量点，然后向上移动鼠标，捕捉第二个测量点，并指定好尺寸线的位置，如图8-9所示。单击即可完成第一条尺寸线的绘制。

步骤 09 执行"连续"命令，继续捕捉其他测量点，标注该方向上的其他尺寸，完成平面图左侧第一道尺寸线的标注，如图8-10所示。

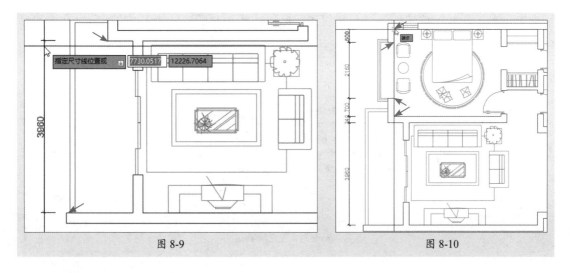

图 8-9 | 图 8-10

步骤 10 执行"线性"命令进行第二道尺寸线的标注，如图8-11所示。

步骤 11 按照同样的方法，执行"线性"和"连续"命令，完成平面图其他方向上的尺寸标注，效果如图8-12所示。

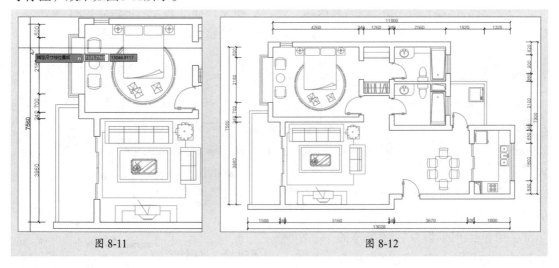

图 8-11 | 图 8-12

8.2.2　新建标注样式

默认的标注样式中的文字很小，人们无法看清具体的尺寸值。所以在添加尺寸标注前，要先对其样式进行必要的设置，例如文字样式、箭头样式、尺寸线样式等。在设置时，可以利用"标注样式管理器"对话框进行操作。通过以下3种方式可打开"标注样式管理器"对话框，如图8-13所示。

● 在菜单栏中执行"格式"|"标注样式"命令。
● 在"注释"选项卡的"标注"选项组中单击右下角的箭头 ↘。
● 在命令行中输入D快捷命令并按回车键。

如果标注样式中没有需要的样式类型，则可新建标注样式。在"标注样式管理器"对话框中单击"新建"按钮，将打开"创建新标注样式"对话框，如图8-14所示。在该对话框中可新建样式名称。

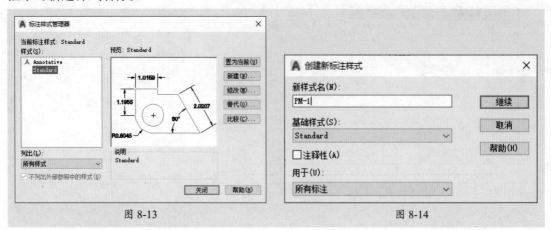

图 8-13   图 8-14

8.2.3 设置标注样式

创建标注样式后，单击"继续"按钮，弹出"新建标注样式"对话框，就可以对尺寸样式进行设置，如图8-15所示。该对话框是由线、符号和箭头、文字、调整、主单位、换算单位、公差6个选项卡组成。

线：用于设置尺寸线和尺寸界线的一系列参数。

符号和箭头：用于设置箭头、圆心标记、折断标注、弧长符号、半径折弯标注等参数。

文字：用于设置文字的外观、位置和对齐方式。

调整：用于设置箭头、文字、引线和尺寸线的放置方式。

主单位：用于设置标注单位的显示精度和格式，并可以设置标注的前缀和后缀。

换算单位：用于设置标注测量值中换算单位的显示并设定其格式和精度。

公差：用于设置指定标注文字中公差的显示及格式。

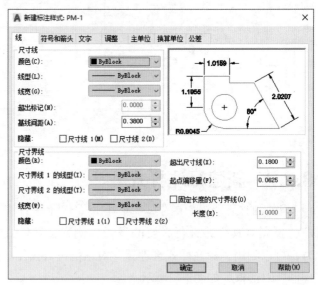

图 8-15

操作提示

在"标注样式管理器"对话框中，除了可对标注样式进行编辑外，也可进行重命名、删除和置为当前等管理操作。右击选中需要管理的标注样式，在弹出的快捷菜单中选择相应的命令即可。

8.2.4 室内常用尺寸标注

尺寸标注分为智能标注、线性标注、对齐标注、角度标注、弧长标注、半径标注、直径标注、快速标注、连续标注及引线标注等。下面将介绍室内图纸中常用的几种标注工具。

1. 智能标注

设置好标注样式后，选中要标注的线段，系统会自动识别线段的类型（直线、弧线），并给其添加尺寸。通过以下2种方式可调用标注命令。

- 在"默认"选项卡的"注释"选项组中单击"标注"按钮 🖾。
- 在"注释"选项卡的"标注"选项组中单击"标注"按钮。

执行"标注"命令后，选择要标注的对象，并指定好尺寸线的位置即可完成标注操作，如图8-16所示。

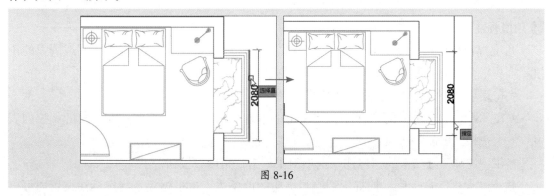

图 8-16

2. 线性标注

线性标注用于标注对象的线性距离或长度，包括垂直、水平和旋转3种类型。水平标注用于标注对象上的两点在水平方向上的距离，尺寸线沿水平方向放置；垂直标注用于标注对象上的两点在垂直方向上的距离，尺寸线沿垂直方向放置；旋转标注用于标注对象上的两点在指定方向上的距离，尺寸线沿旋转角度方向放置。通过以下3种方式可调用线性标注命令。

- 在菜单栏中执行"标注"|"线性"命令。
- 在"默认"选项卡的"注释"选项组中单击"线性"按钮 ⊟。
- 在"注释"选项卡的"标注"选项组中单击"线性"按钮。

执行"线性"命令后，捕捉标注对象的两个端点，再根据提示在水平或者垂直方向指定标注位置即可，如图8-17所示。

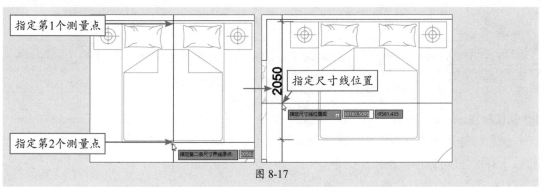

图 8-17

3. 对齐标注

对齐标注与线性标注的方法相同，不同的是对齐标注通常用于标注有一定角度的线段，也就是斜线。而线性标注主要用于标注水平或垂直线段。对齐标注的尺寸线平行于两个尺寸延长线的原点连成的直线。通过以下3种方式可调用对齐标注命令。

- 在菜单栏中执行"标注"|"对齐"命令。
- 在"默认"选项卡的"注释"选项组中单击"对齐"按钮。
- 在"注释"选项卡的"标注"选项组中单击"对齐"按钮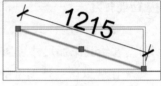

图 8-18

执行"对齐"命令后，捕捉标注对象的两个端点，再根据提示指定标注位置即可，如图8-18所示。

4. 角度标注

角度标注命令用于测量两条或三条直线之间所形成的夹角，也可以测量圆或圆弧的角度。在标注角度时，通过以下3种方式可调用角度标注命令。

- 在菜单栏中执行"标注"|"角度"命令。
- 在"默认"选项卡的"标注"选项组中单击"线性"下拉按钮，在弹出的下拉列表中选择"角度"选项。
- 在"注释"选项卡的"标注"选项组中单击"角度"按钮。

执行"角度"命令后，捕捉需要测量夹角的两条边，再根据提示指定标注位置即可，如图8-19所示。

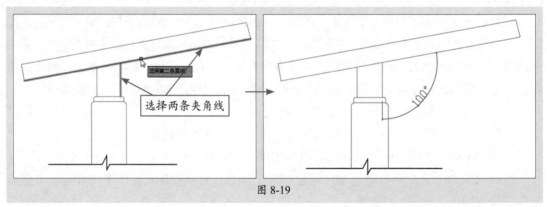

图 8-19

操作提示

在进行角度标注时，选择尺寸标注的位置很关键。当尺寸标注放置在当前测量角度之外时，所测量的角度则是当前角度的补角。

5. 弧长标注

弧长标注用于测量指定圆弧或多线段圆弧上的距离，可以标注圆弧和半圆的尺寸，通过以下3种方式可调用弧长标注命令。

- 在菜单栏中执行"标注"|"弧长"命令。

- 在"默认"选项卡的"标注"选项组中单击"线性"下拉按钮，在弹出的下拉列表中选择"弧长"选项。
- 在"注释"选项卡的"标注"选项组中单击"线性"下拉按钮，在弹出的下拉列表中选择"弧长"选项。

执行"弧长"标注命令后，选择圆弧，再根据提示指定标注位置即可，如图8-20所示。

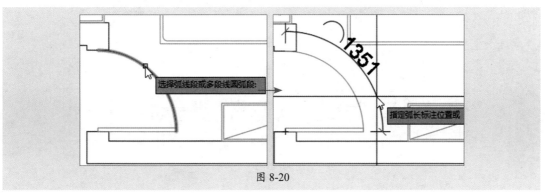

图 8-20

6. 半径 / 直径标注

半径/直径标注命令主要用于标注圆或圆弧的半径或直径尺寸，通过以下3种方式可调用半径/直径标注命令。

- 在菜单栏中执行"标注"|"半径"或"直径"命令。
- 在"默认"选项卡的"标注"选项组中单击"线性"下拉按钮，在弹出的下拉列表中选择"半径"或"直径"选项。
- 在"注释"选项卡的"标注"选项组中单击"线性"下拉按钮，在弹出的下拉列表中选择"半径"或"直径"选项。

执行"半径"或"直径"命令后，选中所需标注的圆弧或者圆，并指定标注位置即可。图8-21和图8-22所示分别为半径标注和直径标注的效果。

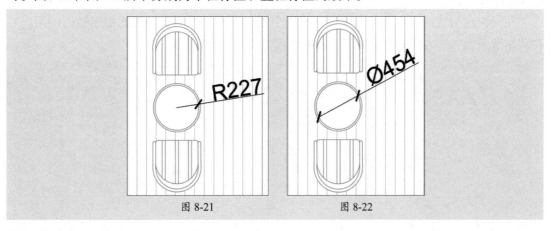

图 8-21   图 8-22

7. 连续标注

连续标注是指连续进行线性标注。在执行过一次线性标注之后，系统会将该标注的尺寸界线作为下一个标注的起点进行连续标注。通过以下两种方式可调用连续标注命令。

- 在菜单栏中执行"标注"|"连续"命令。

● 在"注释"选项卡的"标注"选项组中单击"连续"按钮⊞。

执行"连续"命令后，根据命令行中的提示，先选中上一个标注的尺寸界线，然后依次捕捉下一个测量点，直到结束，按回车键即可，如图8-23所示。

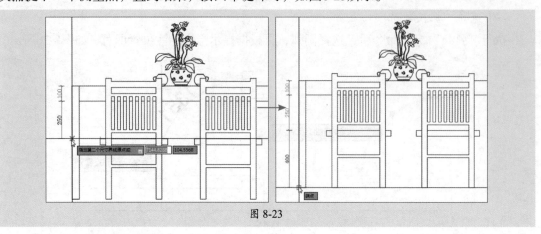

图 8-23

8.2.5　快速引线

快速引线命令主要用于创建一端带有箭头，另一端带有文字注释的引线标注。其中，引线可以是直线段，也可以是平滑的样条曲线。快速引线命令为隐藏命令，它不会显示在菜单栏或功能面板中，需要在命令行中输入LE或QL快捷命令执行这项命令。

通过快速引线命令可以创建以下形式的引线标注。

1. 直线引线

执行快速引线命令，在绘图区指定一点作为引线起点，然后移动光标指定下一点，按回车键三次，输入说明文字即可完成引线标注，如图8-24所示。

2. 转折引线

执行快速引线命令，同样在绘图区指定引线的起点，然后移动光标指定转折的两点，按回车键两次，输入说明文字即可完成引线标注，如图8-25所示。

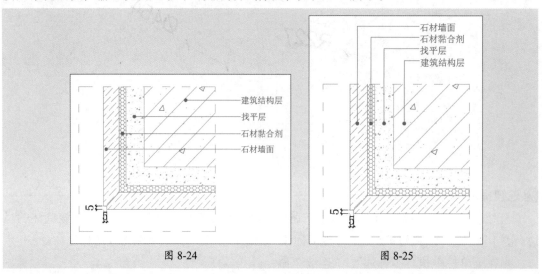

图 8-24　　　　　　　　　　　　图 8-25

快速引线的样式随当前尺寸标注的样式来显示。当然，用户还可通过"引线设置"对话框来设置其引线样式。在执行快速引线命令后，根据提示信息输入S，按回车键即可打开"引线设置"对话框，在此可根据需要设置相应的参数选项，如图8-26所示。

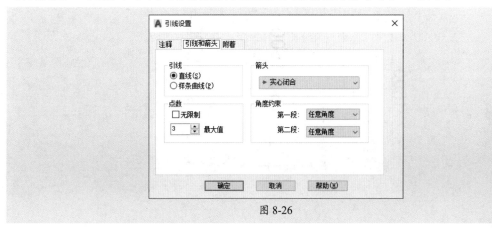

图 8-26

8.3　编辑尺寸标注

在对图形进行尺寸标注后，该标注中的文字内容是可以修改的。用户可以通过以下两种方式来对标注进行编辑。

8.3.1　编辑标注文本

如果创建的标注文本内容或位置不合适，则可根据相应的要求来对其内容或位置进行调整。

1 编辑标注文本的内容

在标注图形时，如果标注的端点不是平行状态，测量的距离就会出现不准确的情况。用户可通过以下两种方式编辑标注文本内容。

- 在菜单栏中执行"修改"|"对象"|"文字"|"编辑"命令。
- 双击需要编辑的标注文字。

执行以上任意一种操作后，其标注的文字即可进入编辑状态。修改文字内容后，按回车键即可完成修改操作，如图8-27所示。

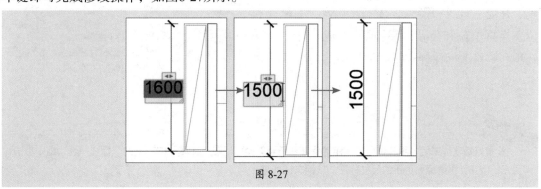

图 8-27

2. 调整标注文本位置

选中尺寸标注，并将光标移至文本的夹点处右击，在弹出的快捷菜单中选择"仅移动文字"命令，根据需要指定文本的新位置即可，如图8-28所示。

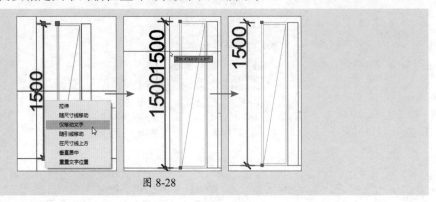

图 8-28

操作提示

如果需要修改文字显示的角度，可选中尺寸标注，在"标注"选项组中单击"文字角度"按钮，并指定角度值即可，如图8-29所示。

图 8-29

8.3.2 使用"特性"选项板编辑尺寸标注

除了使用以上方法编辑尺寸外，用户还可以使用"特性"选项板进行编辑。选择需要编辑的尺寸标注，单击鼠标右键，在弹出的快捷菜单中选择"特性"命令，即可打开"特性"选项板，如图8-30所示。

编辑尺寸标注的"特性"选项板由常规、其他、直线和箭头、文字、调整、主单位、换算单位和公差8个卷轴栏组成。这些选项和"修改标注样式"对话框中的内容基本一致。

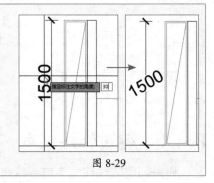

图 8-30

操作提示

设置好标注样式后，用户可以对指定的标注进行更新操作。在"注释"选项卡的"标注"选项组中单击"更新"按钮，再选择要更新的尺寸标注，按回车键即可。

8.4 多重引线的创建与设置

多重引线命令主要用于对图形进行注释说明。引线对象可以是直线，也可以是样条曲线。引线的一端带有箭头标识，另一端带有多行文字或块。其形式与快速引线相似。

8.4.1 案例解析：为服装店立面图添加材料注释

下面将利用多重引线命令为服装店立面图添加材料说明。

步骤01 打开"服装店立面图"素材文件。执行"多重引线样式"命令，打开"多重引线样式管理器"对话框，单击"修改"按钮，如图8-31所示。

步骤02 在"修改多重引线样式"对话框的"引线格式"选项卡中，将"符号"设置为"建筑标记"，将"大小"设置为60，如图8-32所示。

图 8-31   图 8-32

步骤03 在"内容"选项卡中将"文字高度"设置为120，如图8-33所示。

步骤04 设置完成后，单击"确定"按钮，返回到上一层对话框，单击"置为当前"按钮，将其设置为当前样式，如图8-34所示。

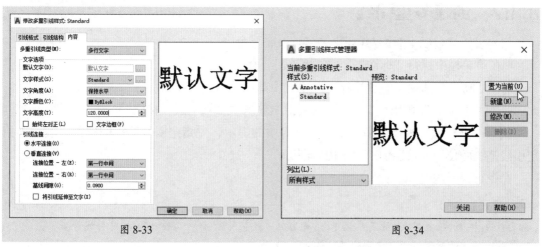

图 8-33   图 8-34

步骤05 执行"多重引线"命令，指定引线的箭头位置和引线端点位置，如图8-35所示。

步骤 06 在文本编辑框内输入注释内容，单击空白处完成引线注释的添加，如图8-36所示。

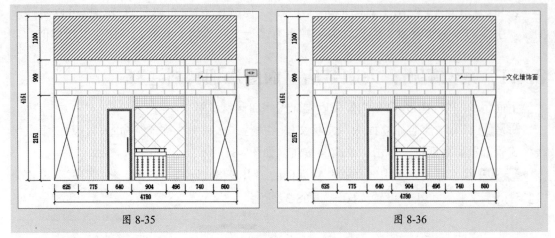

图 8-35　　　　　　　　　　　图 8-36

步骤 07 按照同样的方法，完成其他材料注释的添加，如图8-37所示。

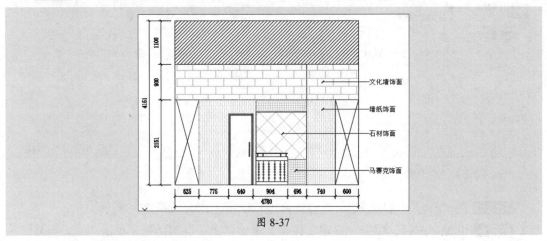

图 8-37

8.4.2　创建多重引线

用户可以通过以下3种方式调用"多重引线"命令。

● 在菜单栏中执行"标注"|"多重引线"命令。
● 在"默认"选项卡的"注释"选项组中单击"引线"按钮。
● 在"注释"选项卡的"引线"选项组中单击"多重引线"按钮。

执行以上任意一种操作后，根据命令行中的提示，先指定引线箭头的位置，然后再指定引线基线的位置，最后输入文本内容即可。

命令行提示内容如下：

命令: _mleader
指定引线箭头的位置或 [引线基线优先(L)/内容优先(C)/选项(O)] <选项>: （指定引线箭头位置）
指定引线基线的位置: （指定引线基线端点）

在创建多条引线时，会出现长短不一的现象，使得画面不太美观。此时用户可使用"对齐引线"功能，将这些引线注释进行对齐操作。执行"注释"|"引线"|"对齐引线"命令，根据命令行提示，选中所有需要对齐的引线标注，然后选择需要对齐到的引线标注，并指定好对齐方向即可，如图8-38所示。

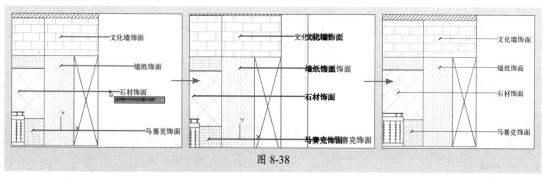

图 8-38

8.4.3　设置多重引线样式

在添加多重引线时，单一的引线样式往往不能满足设计的要求，因此就需要预先定义新的引线样式，即指定基线、引线、箭头和注释内容的格式，通过"多重引线样式管理器"对话框可对这些样式进行设置。

在AutoCAD中通过以下3种方式可调出该对话框。

● 在菜单栏中执行"格式"|"多重引线样式"命令。

● 在"默认"选项卡的"注释"选项组中单击"多重引线样式"按钮 。

● 在"注释"选项卡的"引线"选项组中单击右下角箭头 。

执行以上任意一种操作后，可打开"多重引线样式管理器"对话框。单击"修改"按钮，可对当前样式进行修改。如果单击"新建"按钮，则打开"创建新多重引线样式"对话框，如图8-39所示，输入样式名并选择基础样式，单击"继续"按钮，然后在打开的"修改多重引线样式"对话框中对各选项卡进行详细的设置，如图8-40所示。

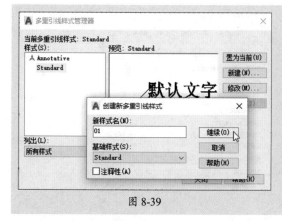

图 8-39

图 8-40

177

课堂实战 标注客厅立面图

下面将为客厅立面图添加尺寸和材料说明，用到的命令有设置标注样式、线性标注、引线标注等。

步骤 01 打开"客厅立面图"素材文件。执行"标注样式"命令，打开"标注样式管理器"对话框，单击"修改"按钮，如图8-41所示。

步骤 02 打开"修改标注样式"对话框，切换到"主单位"选项卡，将"精度"设置为0，如图8-42所示。

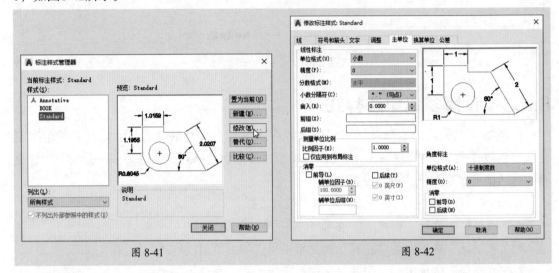

图 8-41   图 8-42

步骤 03 切换到"调整"选项卡，选中"文字始终保持在尺寸界线之间"单选按钮，选中"若箭头不能放在尺寸界线内，则将其消除"复选框，如图8-43所示。

步骤 04 切换到"文字"选项卡，将"文字高度"设置为50，将"文字位置"设置为垂直"上"，将"文字对齐"设置为"与尺寸线对齐"，其他参数保持默认，如图8-44所示。

图 8-43

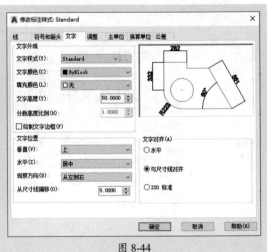

图 8-44

步骤 05 切换到"符号和箭头"选项卡,将"箭头"均设置为"建筑标记",将"箭头大小"设置为20,其他参数保持默认,如图8-45所示。

步骤 06 切换到"线"选项卡,将"超出尺寸线"设置为50,将"起点偏移量"设置为100,并选中"固定长度的尺寸界线"复选框,将"长度"设置为500,其他参数保持默认,如图8-46所示。

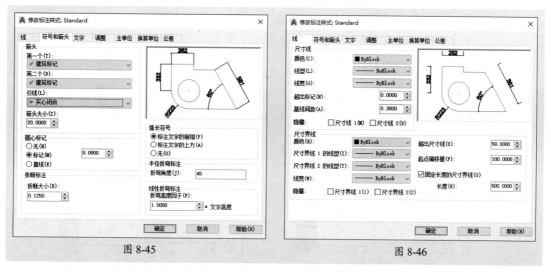

图 8-45　　　　　　　　　　　图 8-46

步骤 07 设置好后,单击"确定"按钮,返回到上一层对话框,单击"置为当前"按钮,将其设置为当前标注样式,如图8-47所示。

步骤 08 执行"线性"命令,捕捉立面图左侧的两个测量点以及尺寸线位置,标注立面第一段尺寸,如图8-48所示。

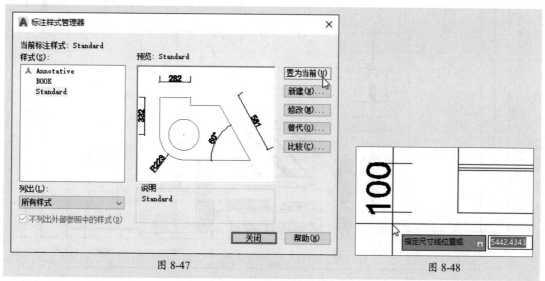

图 8-47　　　　　　　　　　　图 8-48

步骤 09 执行"连续"命令，向上移动鼠标，继续捕捉该方向的其他测量点，完成第一道尺寸线的标注，如图8-49所示。

步骤 10 执行"线性"命令，添加第二道尺寸标注，如图8-50所示。

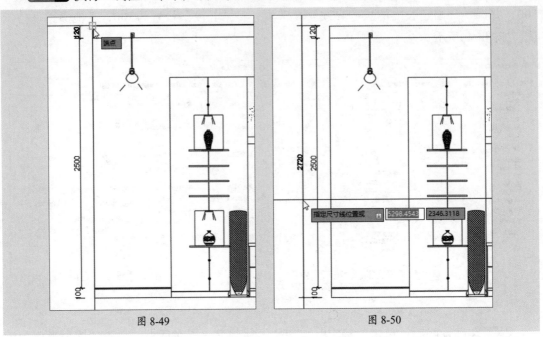

图 8-49　　　　　　　　　　　　　　图 8-50

步骤 11 按照同样的方法，完成该立面图其他方向上的尺寸标注，如图8-51所示。

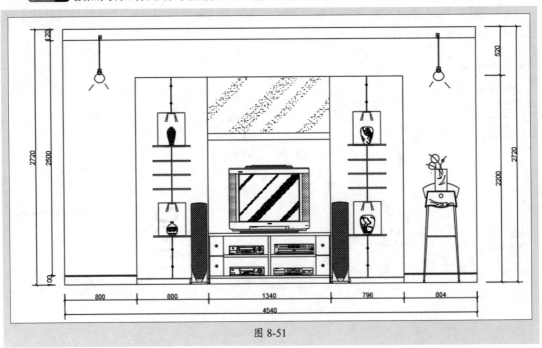

图 8-51

步骤 12 执行"引线样式"命令，打开"多重引线样式管理器"对话框。单击"修改"按钮，打开"修改多重引线样式"对话框。在"引线格式"选项卡中将"符号"设置为"点"，将"大小"设置为50，如图8-52所示。

步骤 13 在"引线结构"选项卡中将"设置基线距离"设置为200，如图8-53所示。

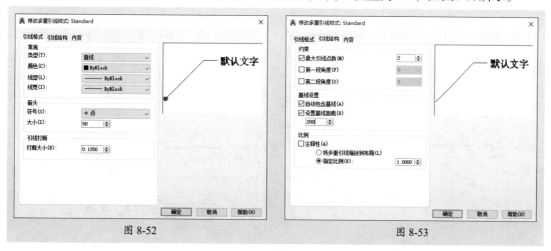

图 8-52   图 8-53

步骤 14 在"内容"选项卡中将"文字高度"设置为100，其他参数保持默认，如图8-54所示。

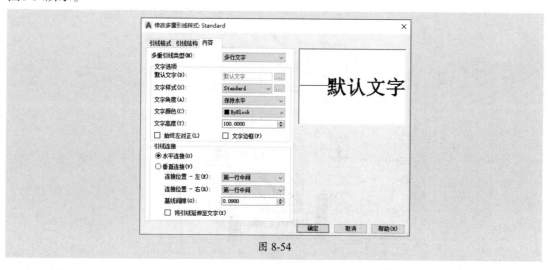

图 8-54

步骤 15 单击"确定"按钮，返回到上一层对话框，单击"置为当前"按钮，完成引线样式的设置，如图8-55所示。

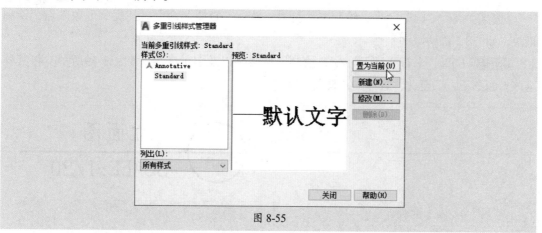

图 8-55

步骤 16 执行"多重引线"命令，指定箭头和引线的位置，并输入材料注释内容，如图8-56所示。

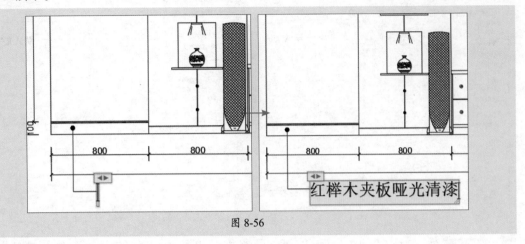

图 8-56

步骤 17 执行"多重引线"命令，为其他材料添加文字说明，如图8-57所示。

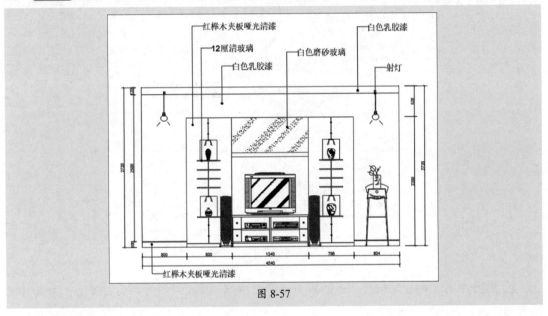

图 8-57

步骤 18 执行"圆"命令，绘制图例符号。执行"直线"命令，捕捉圆形象限点，绘制直线，如图8-58所示。

步骤 19 执行"多行文字"命令，绘制图例文字以及图示内容，如图8-59所示。将其移至该立面图下方。至此，客厅立面图标注完毕。

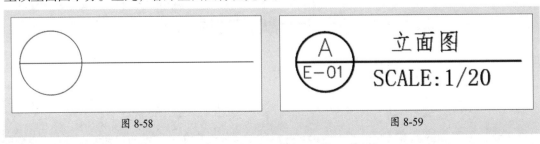

图 8-58   图 8-59

课后练习 为玄关立面图添加尺寸及文字注释

本实例将利用"线性""连续"以及"快速引线"命令，为玄关立面图添加尺寸标注以及材料注释，如图8-60所示。

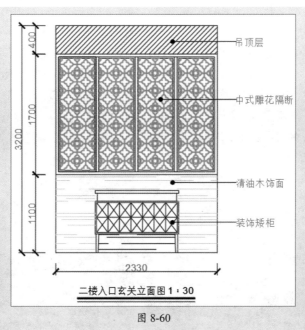

图 8-60

1. 技术要点

步骤 01 执行"标注样式"命令，对默认的样式进行设置。

步骤 02 执行"线性"和"连续"命令，为玄关立面图添加尺寸标注。

步骤 03 在命令行中输入QL快捷命令，为立面图添加材料说明。

2. 分步演示

本案例的分步演示效果如图8-61所示。

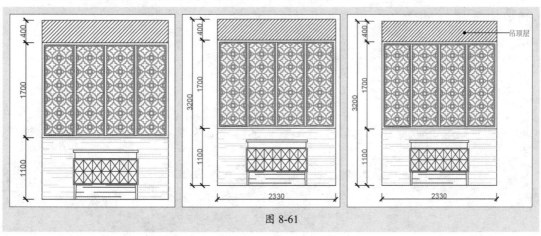

图 8-61

梁志天·上海九间堂别墅

　　梁志天，香港十大顶尖设计师之一，也是国际著名建筑及室内设计师。其设计作品多为现代风格，善于将亚洲文化及艺术的元素，融入建筑和室内产品设计中。他的代表作品包括深圳湾1号、上海古北壹号、香港天汇39号、上海九间堂别墅、碟1903等。

　　上海九间堂在建筑元素上，借鉴了众多现代做法，比如原木遮阳系统、以铝合金构成最大顶层的虚屋顶、现代式样的门窗等。唯独白墙、密栅栏、竹影荷池等传统元素被保留应用。在体现传统这方面，九间堂实现了"三开三进"的室内布局（中式传统建筑格局），廊道、庭院、挑檐、水榭形成"隔而不围，围必缺"的中式庭院，而半通透性院墙和篱笆与院外园景相呼应形成的园、待客前院、主人后院、客房小庭院，园园互通而又各成一派，如图8-62所示。

图 8-62

第 **9** 章

室内图形的打印与输出

内容导读

图形的打印与输出是设计工作的最后一步，也是必不可少的一步。掌握一些必要的打印输出技巧，可以提高工作效率。本章将对图形的打印与输出方法进行介绍，其中包括图形的输入及输出、模型与布局空间的切换、视口的创建、图形打印设置等。

思维导图

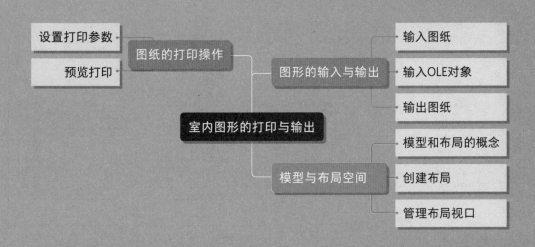

9.1　图形的输入与输出

通过系统提供的输入和输出功能，可以将其他文件输入AutoCAD中，也可将绘制好的图形输出成其他格式的文件。

9.1.1　案例解析：将两居室平面图输出为PDF格式文件

下面利用输出命令，将两居室平面图转换为PDF格式的文件。

步骤01 打开"两室一厅平面"素材文件，在"输出"选项卡中单击"输出"按钮，在其下拉列表中选择PDF选项，如图9-1所示。

步骤02 在"另存为PDF"对话框中，设置好文件名及输出路径。在右侧下拉列表框中将"PDF预设"设置为DWG To PDF，如图9-2所示。

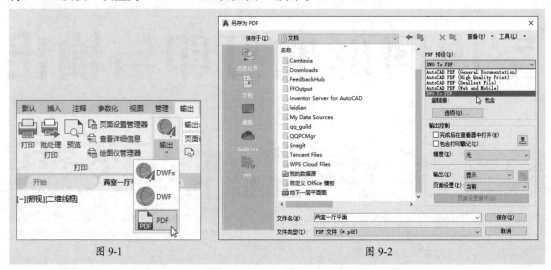

图 9-1　　　　　　　　　　　　　　　　　　　　图 9-2

步骤03 将"输出"设置为"窗口"，并在图纸中选择要输出的图形区域，如图9-3所示。

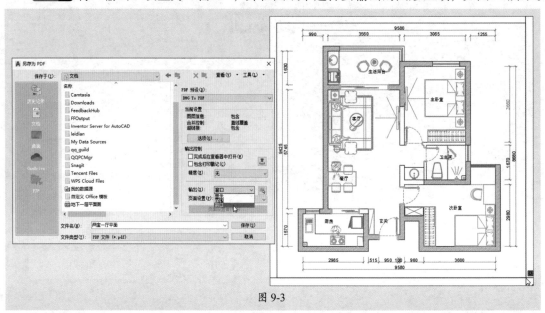

图 9-3

步骤 04 返回到对话框,单击"保存"按钮,即可将当前图形输出为PDF格式的文件,如图9-4所示。

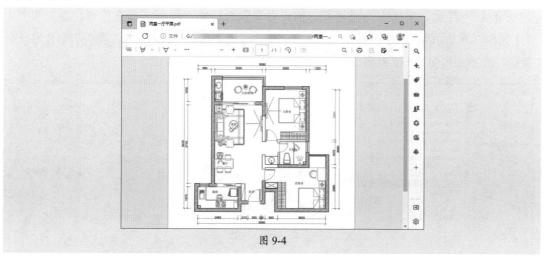

图 9-4

9.1.2 输入图纸

要将其他格式的图形导入AutoCAD中,可通过以下方式进行操作。

- 在菜单栏中执行"文件"|"输入"命令。
- 在"插入"选项卡的"输入"选项组中单击"PDF输入"下拉按钮,从中选择"输入" 选项。

执行以上任意一种操作均可打开"输入文件"对话框,如图9-5所示。单击"文件类型"下拉按钮,选择要输入的文件格式,或者选择"所有文件"选项,如图9-6所示。然后选择要导入的图形文件,单击"打开"按钮即可输入该文件。

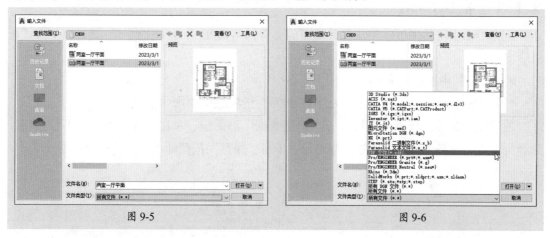

图 9-5   图 9-6

9.1.3 插入OLE对象

OLE是指对象链接与嵌入,是将其他Windows应用程序的对象链接或嵌入AutoCAD图形中,或在其他程序中链接或嵌入AutoCAD图形。插入OLE文件可以避免图片丢失、文件丢失这些问题,所以使用起来非常方便。通过以下方式可调用OLE对象命令。

- 在菜单栏中执行"插入"|"OLE对象"命令。
- 在"插入"选项卡的"数据"选项组中单击"OLE对象"按钮 。

执行以上任意一项操作均可打开"插入对象"对话框，根据需要选择"新建"或"由文件创建"单选按钮，并根据对话框中的提示进行下一步操作即可。图9-7所示为选择"新建"选项的界面，图9-8所示为选择"由文件创建"选项的界面。

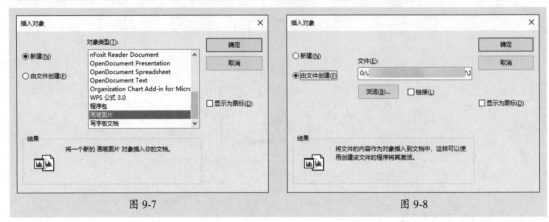

图 9-7   图 9-8

选中"新建"单选按钮后，在"对象类型"列表框中选择需要导入的应用程序，单击"确定"按钮，系统会启动其应用程序，用户可在该程序中进行输入编辑操作。完成后关闭应用程序，在AutoCAD绘图区中就会显示相应的内容。

选中"由文件创建"单选按钮后，单击"浏览"按钮，在打开的"浏览"对话框中，用户可以直接选择现有的文件，单击"打开"按钮，然后返回到上一层对话框，单击"确定"按钮即可导入。

9.1.4 输出图纸

AutoCAD也可将图纸输出成各种类型的文件，例如PDF、JPG文件等。通过以下方式可以输出图形。

- 在菜单栏中执行"文件"|"输出"命令。
- 在"输出"选项卡的"输出为DWF/PDF"选项组中单击"输出"按钮。

通过以上任意一项操作都可打开"输出数据"对话框，单击"文件类型"下拉按钮，选择所需的文件格式，并设置好保存路径，单击"保存"按钮即可，如图9-9所示。

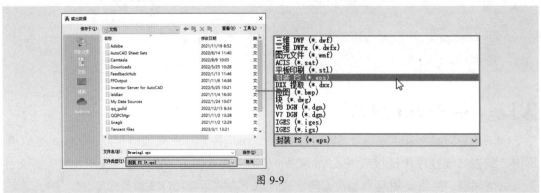

图 9-9

9.2 模型与布局空间

AutoCAD有两种绘图空间，分别是模型和布局。模型空间其实就是绘图区域，在该空间可以按照1：1比例绘制图形。布局空间是指布局打印区域，用户可以在该空间将设置好的图纸以1：1的比例打印出来。

9.2.1 案例解析：在一张打印纸中显示多张图纸

下面以三居室图为例，介绍如何在同一张打印纸中显示户型图和平面图。

步骤 01 打开"三居室"素材文件，切换到"布局1"空间，如图9-10所示。

步骤 02 选中该空间中的视口，按Delete键删除，如图9-11所示。

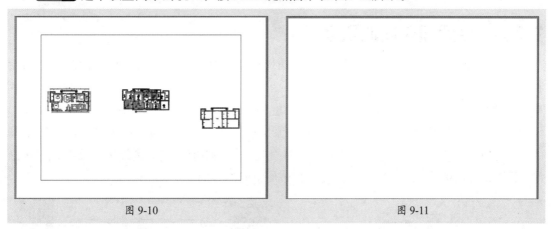

图 9-10   图 9-11

步骤 03 在菜单栏中执行"视图"|"视口"|"新建视口"命令，打开"视口"对话框，选择"两个：水平"标准视口，如图9-12所示。

步骤 04 单击"确定"按钮，在布局空间中绘制视口区域，如图9-13所示。

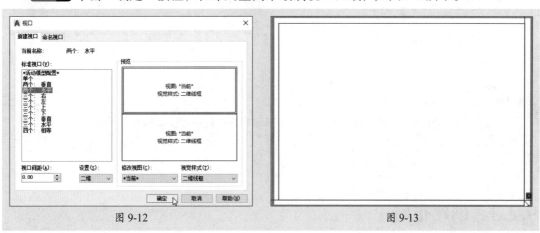

图 9-12   图 9-13

步骤 05 双击第一个视口内任意点，可解除视口的锁定。通过平移和缩放命令，将户型图移至视口中央，如图9-14所示。

步骤 06 双击视口外任意点，可锁定视口。按照同样的方法，将平面图移至第二个视口中央，如图9-15所示。

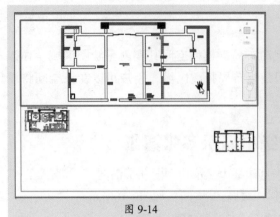

图 9-14

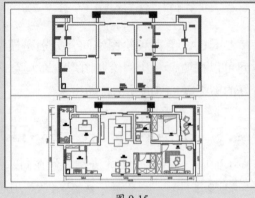

图 9-15

9.2.2 模型和布局的概念

在模型空间和布局空间都可以进行出图操作。模型空间主要是进行图形的设计与绘制。如果一张图纸中只有一种绘图比例，那么可用模型空间来出图。如果一张图中同时存在几种比例，则应用布局空间出图。这两种空间的主要区别在于：模型空间针对的是图形创建，在模型空间需要考虑的只是能否绘制出单个图形或正确与否，不必担心绘图空间的大小。而布局空间则较侧重于多张图纸的摆放布局，不能直接对图纸进行修改或编辑操作。图9-16和图9-17所示分别为模型空间和布局空间的界面。

图 9-16

图 9-17

操作提示

在状态栏中可通过单击"模型"或"布局"选项标签进行空间切换操作，如图9-18所示。

| 模型 | 布局1 | 布局2 | + | 图纸 ╚ ⊙ ▾ ✕ ∠ ◻ ▾ ☰ ⊠ ⋟ ⋟ 🔒 ⊡ 0.012977 ▾ ⊠ ✿ ▾ ✛ ⋈ 🖨 🗄 ⊡ ☰

图 9-18

9.2.3 创建布局

布局主要用于控制图形的输出，布局中所显示的图形与打印出来的图形完全一样。

1. 使用样板创建布局

AutoCAD提供了多种不同国际标准体系的布局模板，这些标准包括ANSI、GB、ISO等，特别是其中遵循中国国家工程制图标准（GB）的布局就有12种之多，支持的图纸幅面有A0、A1、A2、A3和A4。

在菜单栏中执行"插入"|"布局"|"来自样板的布局"命令，打开"从文件选择样板"对话框，如图9-19所示。选择需要的布局模板，然后单击"打开"按钮，系统会弹出"插入布局"对话框，在该对话框中显示了当前所选布局模板的名称，单击"确定"按钮即可，如图9-20所示。

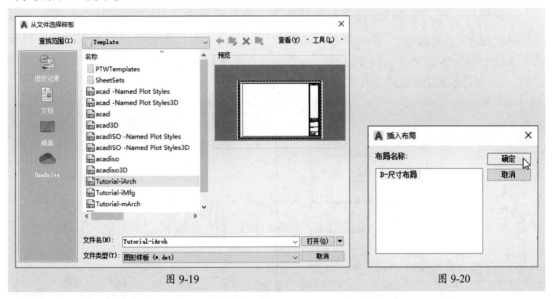

图 9-19   图 9-20

2. 使用向导创建布局

布局向导用于引导用户创建一个新的布局，每个向导页面都会提示用户为正在创建的新布局指定不同的版面和打印设置。

执行"插入"|"布局"|"创建布局向导"命令，会打开"创建布局-开始"对话框，如图9-21所示。该向导会一步步引导用户进行创建布局的操作，过程中会分别对布局的名称、打印机、图纸尺寸和单位、图纸方向、标题栏及标题栏的类型、视口的类型，以及视口的大小和位置等进行设置。

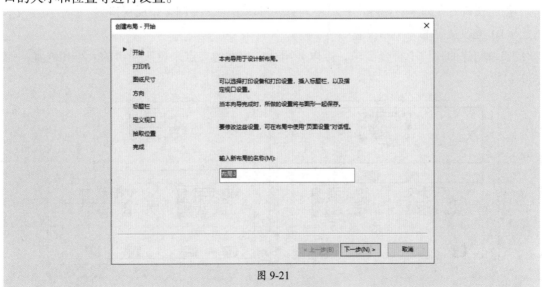

图 9-21

9.2.4 管理布局视口

默认情况下，系统将自动创建一个视口，若用户需要查看模型的不同视图，可以创建多个视口进行查看。

1. 创建视口

选择视口边框，按Delete键可删除该视口。在菜单栏中执行"视图"|"视口"|"命名视口"命令，在"视口"对话框的"新建视口"选项卡中选择创建视口的数量及排列方式，如图9-22所示。单击"确定"按钮，在布局页面中使用鼠标拖曳的方法，绘制出视口区域，即可完成视口的创建操作，如图9-23所示。

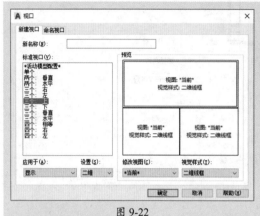

图 9-22

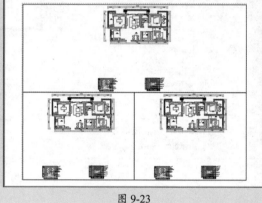

图 9-23

操作提示

切换到"布局1"空间后，在"布局"选项卡的"布局视口"选项组中单击"矩形"按钮，可创建一个矩形视口。除此之外，还可以创建多边形、对象等视口。

2. 管理视口

创建视口后，如果对创建的视口不满意，可以根据需要调整布局视口。

（1）更改视口的大小和位置

如果创建的视口不符合需求，可以利用视口边框的夹点来更改视口的大小和位置，如图9-24所示。

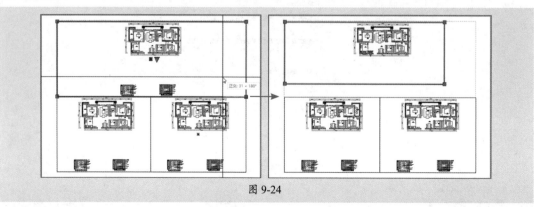

图 9-24

（2）删除和复制布局视口

用户可通过按Ctrl+C和Ctrl+V组合键进行视口的复制和粘贴，按Delete键即可删除视口，也可通过单击鼠标右键，在弹出的快捷菜单中进行该操作。

（3）调整视口中的内容显示

双击视口可将其激活，滚动鼠标中键，可调整图形显示的大小，如图9-25所示。

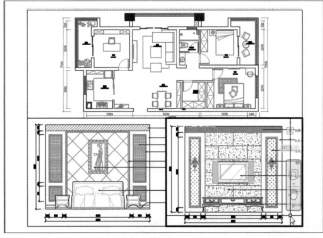

图 9-25

操作提示

激活视口后，用户除了可以调整图形的大小外，还可以对图形进行修改，其操作与在模型空间中相同。修改完成后，其他视口中的图形会随之发生改变。

9.3 图纸的打印操作

图形绘制完毕后，为了便于观察和实际施工操作，可将其打印在图纸上。在打印之前，需要对打印样式及打印参数等进行设置。

9.3.1 案例解析：打印室内平面布置图

下面将以三居室平面图为例来介绍打印图纸的具体操作步骤。

步骤 01 打开"三室两厅平面图"素材文件。按Ctrl+P组合键，打开"打印-模型"对话框，如图9-26所示。

步骤 02 将"打印机/绘图仪"的名称设置为当前打印机的型号。在"图纸尺寸"下拉列表框中选择所需的打印纸尺寸，如图9-27所示。

图 9-26

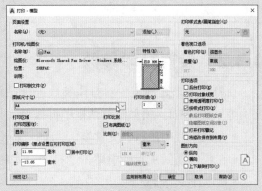

图 9-27

步骤 03 将"打印范围"设置为"窗口",并在绘图区选择要打印的图纸区域,如图9-28所示。

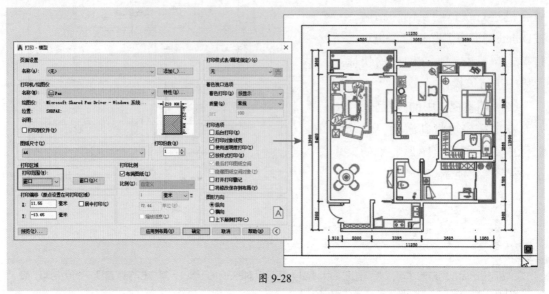

图 9-28

步骤 04 选中"居中打印"复选框,并将"打印样式表"设置为monochrome.ctb,如图9-29所示。

步骤 05 单击"预览"按钮,可打开预览窗口,在此可预览打印效果。确认无误后,右击窗口任意处,在弹出的快捷菜单中选择"打印"命令即可打印,如图9-30所示。

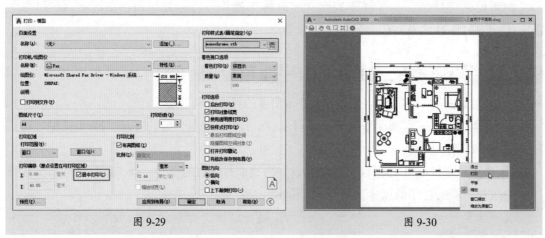

图 9-29   图 9-30

9.3.2 设置打印参数

在打印图形之前需要对打印参数进行设置,如图纸尺寸、打印方向、打印区域、打印比例等。在"打印-模型"对话框中可以设置打印参数。通过以下方式可打开该对话框。

- 在菜单栏中执行"文件"|"打印"命令。
- 在快速访问工具栏中单击"打印"按钮 🖶。
- 按Ctrl+P组合键。

● 在"输出"选项卡的"打印"选项组中单击"打印"按钮 ⊞。

在设定打印参数时，应根据与电脑连接的打印机的类型来综合考虑，否则将无法实施打印操作。

打印机/绘图仪：可以选择输出图形需要使用的打印设备。若需修改当前打印机配置，可单击右侧的"特性"按钮，在"绘图仪配置编辑器"对话框中对打印机的输出进行设置。

打印样式表：用于修改图形打印的外观。图形中的每个对象或图层都具有打印样式属性，通过修改打印样式可以改变输出对象的颜色、线型、线宽等特性。

图纸尺寸：根据打印机类型及纸张大小选择合适的图纸尺寸。

打印区域：设置图形输出时的打印区域，包括布局、窗口、范围、显示四个选项。

打印比例：设置图形输出时的打印比例。

打印偏移：指定图形打印在图纸上的位置。可通过设置X轴和Y轴上的偏移距离来精确控制图形的位置，也可通过选中"居中打印"复选框将图形打印在图纸中间。

打印选项：在设置打印参数时，还可以设置一些打印选项，在需要的情况下可以使用。

图形方向：指定图形输出的方向，根据实际的绘图情况来选择图纸为横向还是纵向，所以在图纸打印的时候一定要注意设置图形方向，否则可能会出现由于部分图形超出纸张而未被打印出来的情况。

9.3.3 预览打印

在设置打印参数之后，可以预览打印效果，查看是否符合要求，如果不符合要求则关闭预览进行更改，如果符合要求即可直接打印。通过以下方式可实施打印预览。

● 在菜单栏中执行"文件"|"打印预览"命令。

● 在"输出"选项卡中单击"预览"按钮 ⊡。

● 在"打印"对话框中设置"打印参数"，单击左下角的"预览"按钮。

执行以上任意一项操作命令后，即可进入预览模式。

打印预览是指将图形在打印机上打印出来之前，在屏幕上显示输出图形的效果，主要包括图形线条的线宽、线型和填充图案等。预览后，若需进行修改，则可关闭该视图，进入设置页面再次进行修改。

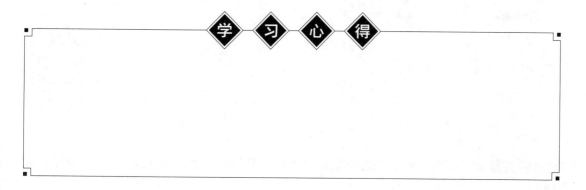

学 习 心 得

课堂实战 打印客厅立面图纸

下面将利用本章所学的创建视口和打印设置相关命令来对客厅立面图进行打印操作。

步骤 01 打开"客厅立面图"素材文件。在状态栏左侧右键单击"模型"标签，在弹出的快捷菜单中选择"从样板"命令，如图9-31所示。

步骤 02 在弹出的"从文件选择样板"对话框中，选择一个合适的样板，如图9-32所示。

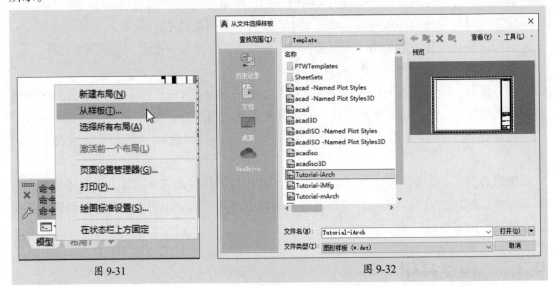

图 9-31　　　　　　　　　　　　　　　　　图 9-32

步骤 03 单击"打开"按钮，此时，系统会打开"插入布局"对话框，单击"确定"按钮，如图9-33所示。

步骤 04 选择完成后，在状态栏中会显示"D-尺寸布局"标签选项，单击该标签，即可进入相应的图纸空间，如图9-34所示。

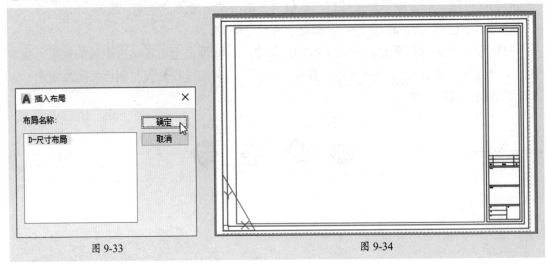

图 9-33　　　　　　　　　　　　　　　　　图 9-34

步骤 05 在该图纸空间中，选中原有的视口（蓝色边框），按Delete键将其删除，如

图9-35所示。

步骤 06 执行"新建视口"命令，在"视口"对话框中选中"单个"视口，单击"确定"按钮，如图9-36所示。

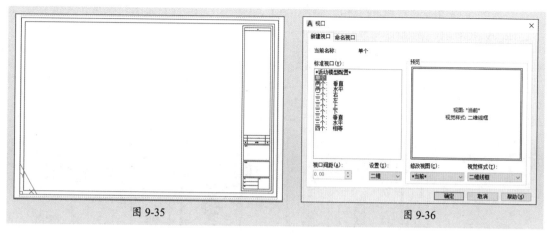

图 9-35   图 9-36

步骤 07 在样板文件中，指定视口的两个对角点，重新创建一个视口。此时"模板"空间中的立面图全屏显示在该视口中，如图9-37所示。

步骤 08 执行"打印"命令，打开"打印-D-尺寸布局"对话框，按照需求对打印参数进行设置，如图9-38所示。

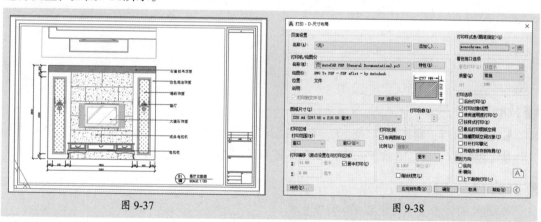

图 9-37   图 9-38

步骤 09 单击"预览"按钮进入预览效果，确认图纸无误后，单击鼠标右键，在弹出的快捷菜单中选择"打印"命令，如图9-39所示。

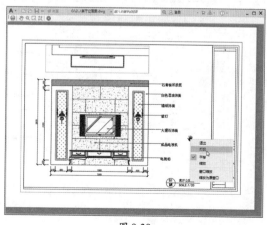

图 9-39

197

课后练习 将KTV包间平面图输出为PDF文件

本实例将通过"新建视口"和"打印"命令，将KTV包间平面图转换成PDF文件来显示，如图9-40所示。

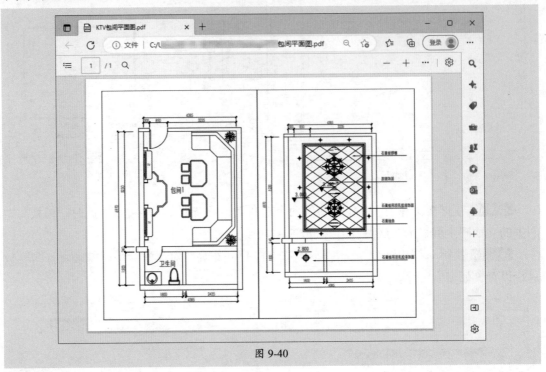

图 9-40

1. 技术要点

步骤 01 执行"新建视口"命令，在"视口"对话框中设置两个视口。

步骤 02 执行"打印"命令，在"打印-布局1"对话框中设置相关打印参数。

2. 分步演示

本案例的分步演示效果如图9-41所示。

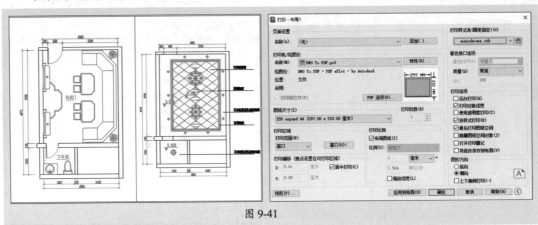

图 9-41

李想·Park Zoo动物艺术酒店

　　李想，唯想国际创始人/CEO，她以建筑师身份投身于室内设计领域，在文化、零售、酒店等多元业态中缔造了众多堪称艺术精品的布局和不凡的商业传奇。似乎每次看到李想的设计作品都有一种惊艳的感觉，这次也不例外。

　　Park Zoo酒店坐落于杭州西湖区，项目面积为18000㎡。设计师将对动物的爱糅合进整个空间中，用可爱的动物造型提醒每一位进入空间的人保护动物和环保的现实意义，如图9-42所示。

图 9-42

第**10**章

室内效果图的制作

内容导读

　　设计图纸绘制完成后，接下来就需要根据图纸的布局来制作三维立体效果，好让业主可以直观地看出设计者的思路与设想。本章将结合业内常用的3ds Max设计软件来对室内效果图的制作方法进行简单的介绍。

思维导图

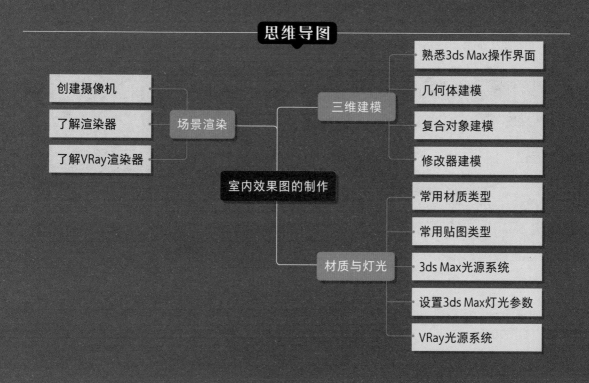

10.1 三维建模

建模是三维软件的核心技能。3ds Max软件具有多种建模手段，下面将介绍几种基本的建模方法，供用户参考学习。

10.1.1 案例解析：制作摇椅模型

下面将以创建摇椅模型为例来介绍用样条线、标准基本体和扩展基本体建模的方法。

步骤 01 单击"管状体"按钮，创建半径1为300mm、半径2为15mm的管状体作为摇椅底座边框，设置分段为50、边数为30，如图10-1所示。

步骤 02 单击"切角圆柱体"按钮，创建半径为290mm、高度为45mm的切角圆柱体作为摇椅底座，设置圆角半径为20mm、圆角分段为15、边数为50，与管状体对齐，如图10-2所示。

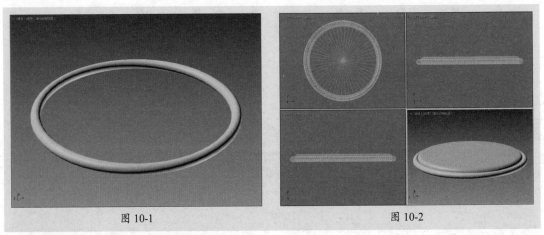

图 10-1   图 10-2

步骤 03 向上复制切角圆柱体作为坐垫，设置高度为120mm、圆角半径为60mm，如图10-3所示。

步骤 04 单击"球体"按钮，创建半径为15mm的球体，调整其位置，如图10-4所示。

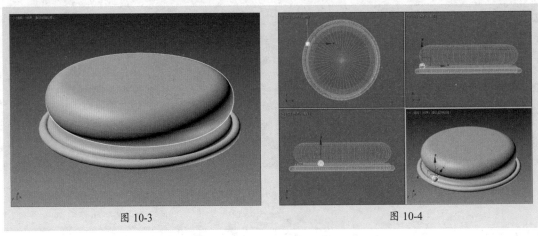

图 10-3   图 10-4

步骤 05 切换到顶视图，单击"使用变换坐标中心"按钮，将坐标调整到坐垫的中心位置，如图10-5所示。

步骤 06 执行"阵列"命令，打开"阵列"对话框，在"阵列变换"选项组中单击"旋转"右侧的按钮，设置Z轴角度为-145°，再设置阵列数量为11，如图10-6所示。

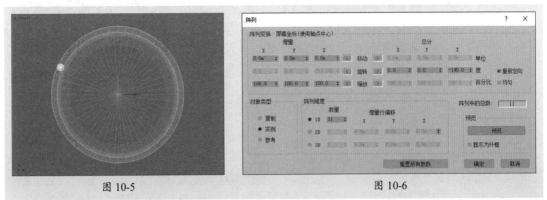

图 10-5　　　　　　　　　　　　　　　图 10-6

步骤 07 单击"预览"按钮，可以看到阵列效果，单击"确定"按钮，完成阵列复制操作，如图10-7所示。

步骤 08 选择正中的球体，向上复制，并在顶视图中沿Y轴移动，如图10-8所示。

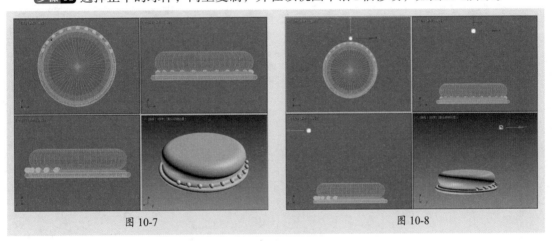

图 10-7　　　　　　　　　　　　　　　图 10-8

步骤 09 最大化顶视图，单击"使用变换坐标中心"按钮，再执行"阵列"命令，在"阵列变换"选项组中单击"旋转"右侧的按钮，设置Z轴角度为-33°，再设置阵列数量为6，如图10-9所示。

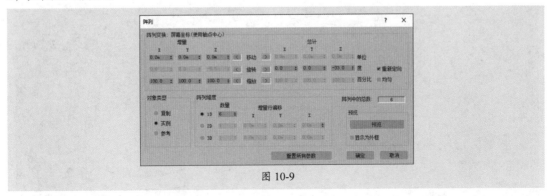

图 10-9

步骤 10 单击"确定"按钮，完成一侧的阵列复制操作，如图10-10所示。

步骤 11 按照上述操作方法，为左侧阵列复制球体，如图10-11所示。

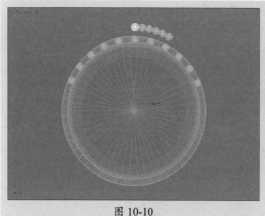
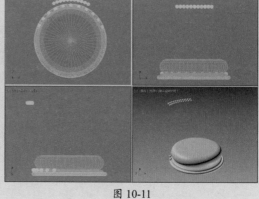

图 10-10 图 10-11

步骤 12 单击"样条线"按钮，在上下两个球体之间创建一条线，如图10-12所示。

步骤 13 继续创建样条线，并调整顶点位置，使上下的球体相对应，如图10-13所示。

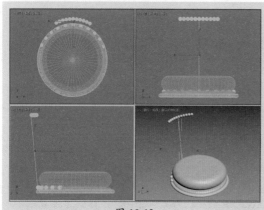
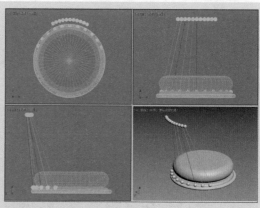

图 10-12 图 10-13

步骤 14 选择左侧五条样条线，利用"镜像"命令镜像复制到右侧，如图10-14所示。

步骤 15 选择样条线，在"渲染"卷展栏中选中"在渲染中启用"和"在视口中启用"复选框，再设置径向厚度为12mm，如图10-15所示。

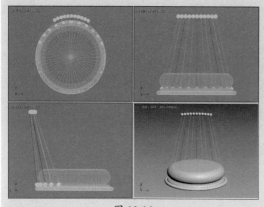
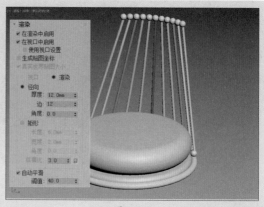

图 10-14 图 10-15

步骤 16 按照同样的方式，利用"线"和"镜像"功能创建径向厚度为30mm的椅子腿，如图10-16所示。

步骤 17 单击"弧"按钮，在左视图中创建镜像厚度为30mm的弧线作为摇椅底座。至此完成摇椅模型的创建，如图10-17所示。

图 10-16   图 10-17

10.1.2 熟悉3ds Max操作界面

启动3ds Max 2020软件后，操作界面如图10-18所示。从图中可以看出，界面包含标题栏、菜单栏、控制区、工具栏、视口、命令面板、状态栏和提示栏（动画面板、窗口控制板、辅助信息栏）等几个部分。

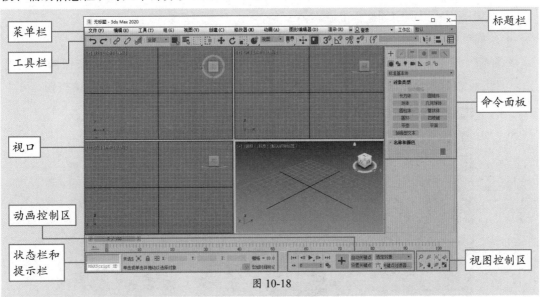

图 10-18

菜单栏： 位于标题栏的下方，几乎提供了所有的3ds Max操作命令。

工具栏： 位于菜单栏的下方，集合了3ds Max中比较常见的工具，例如链接工具、选择工具、捕捉工具、镜像工具、对齐工具、材质编辑器、渲染工具等。

视口： 主要工作区域。每个视口的左上角都有一个标签，软件默认的四个视口的标签是Top（顶视口）、Front（前视口）、Left（左视口）和Perspective（透视视口）。

命令面板：位于工作视口的右侧，包括创建面板、修改面板、层次命令面板、运动命令面板、显示命令面板和实用程序面板，通过这些面板可执行绝大部分的建模和动画命令。

视图控制区：主要控制视图的大小和方位，通过控制区中的按钮，可以更改视图中物体的显示状态。

动画控制区：位于视口底部，主要用于制作动画时，进行动画记录、动画帧选择、控制动画的播放等。

状态栏和提示栏：位于动画控制区的左侧，主要提示当前选择的物体数目以及使用的命令、坐标位置和当前栅格的单位。

操作提示

> 在创建或插入模型前，务必要设置绘图单位。执行"自定义"|"单位设置"命令，打开"单位设置"对话框，在这里需要对系统单位以及显示单位比例进行设置。

10.1.3 几何体建模

几何体建模主要包含标准基本体和扩展基本体两种建模方式。标准基本体包含长方体、球体、几何球体、圆柱体、圆环体、圆锥体、管状体、茶壶以及平面这几个简单的三维体。用户只需在视图中拖动鼠标即可创建标准基本体。创建好后，可在"参数"卷展栏中设置相应的参数。图10-19所示为创建的茶壶基本体效果。

通过以下方式可调用创建标准基本体命令。

- 在菜单栏中执行"创建"|"标准"|"基本体"的子命令。
- 在命令面板中单击"创建"按钮 ➕，然后在其下方单击"几何体"按钮 ◉，打开"几何体"命令面板，并在"对象类型"卷展栏中单击相应的标准基本体按钮。

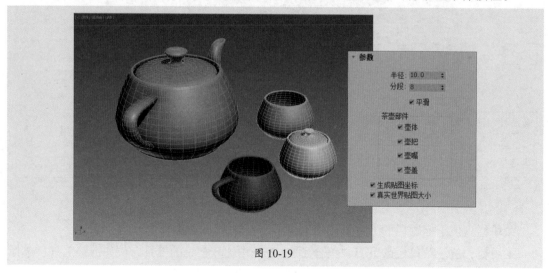

图 10-19

扩展基本体包含异面体、切角长方体、切角圆柱体、油管/胶囊/纺锤/软管这几个复杂的基本体。利用扩展基本体可创建带有倒角、圆角和特殊形状的物体。与标准基本体相比，操作会复杂一些。图10-20所示为切角圆柱体模型效果。

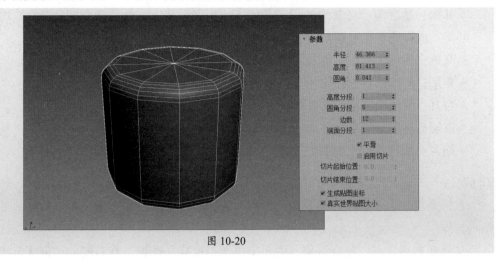

图 10-20

用户可以通过以下方式来创建扩展基本体。

- 在菜单栏中执行"创建"|"扩展基本体"的子命令。
- 在命令面板中单击"创建"按钮，然后单击"标准基本体"右侧的▼按钮，在弹出的下拉列表框中选择"扩展基本体"选项，并在弹出的列表中单击相应的"扩展基本体"按钮。

10.1.4 复合对象建模

复合对象建模主要有布尔和放样两种建模工具。利用它们可将两个或两个以上的实体生成一个新实体。在"创建"命令面板中选择"复合对象"选项，即可看到所有对象类型，其中包括变形、散布、一致、连接、水滴网格、图形合并、布尔、地形、放样、网格化、ProBoolean、ProCutter，如图10-21所示。

1. 布尔

布尔运算包括并集、差集、交集、合并等运算方式，利用不同的运算方式，会形成不同形状的物体。在视口中选择所需对象，在命令面板中单击"布尔"按钮，打开"布尔参数"和"运算对象参数"卷展栏，如图10-22所示。单击"添加运算对象"按钮，并在"运算对象参数"卷展栏中选择一种运算方式，再选取目标对象即可进行布尔运算。

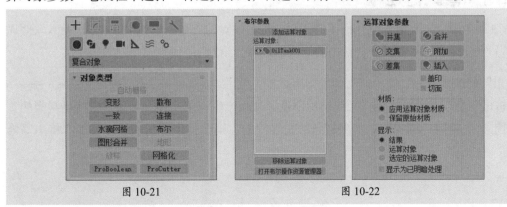

图 10-21   图 10-22

布尔运算类型包括以下6种。

- **并集**：结合两个对象的体积。几何体的相交部分或重叠部分会被丢弃。应用了"并集"操作的对象在视口中会以青色显示其轮廓。
- **交集**：使两个原始对象共同的重叠部分相交，剩余的几何体会被丢弃。
- **差集**：从基础对象移除相交的体积。
- **合并**：使两个网格相交并组合，而不移除任何原始多边形。
- **附加**：将多个对象合并成一个对象，而不影响各对象的拓扑。
- **插入**：从对象A减去对象B的边界图形，对象B的图形不受此操作的影响。

2. 放样

放样是将二维图形作为横截面，沿着一定的路径将其生成三维模型。放样只针对样条线进行操作。

选择横截面，在"复合对象"面板中单击"放样"按钮，在右侧的"创建方法"卷展栏中单击"获取路径"按钮，在视口中单击路径即可完成放样操作。其参数面板包括"曲面参数""路径参数""蒙皮参数"三个卷展栏，如图10-23～图10-25所示。

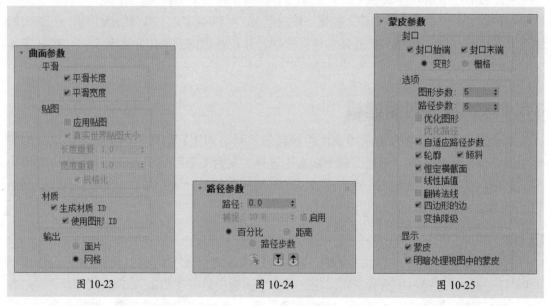

图 10-23   图 10-24   图 10-25

10.1.5 修改器建模

修改器是用于修改场景中几何体的工具，根据设置的参数来修改对象。3ds Max软件提供了多个修改器。下面将对一些常用的修改器进行介绍。

1. "挤出"修改器

"挤出"修改器可将二维样条线挤出厚度，从而产生三维实体。如果样条线是封闭的，可挤出带有底面的三维实体；如果样条线是开放的，则会挤出片状实体。添加"挤出"修改器后，命令面板的下方将弹出"参数"卷展栏，如图10-26所示，在此可根据需要对相关参数进行设置。

2. "车削"修改器

"车削"修改器可以将绘制的二维样条线旋转一周，生成旋转体，用户也可设置旋转角度，更改实体旋转效果。"车削"修改器的"参数"卷展栏如图10-27所示。

3. "扭曲"修改器

"扭曲"修改器可在对象的几何体中心进行旋转，使其产生扭曲的特殊效果，其"参数"卷展栏如图10-28所示。

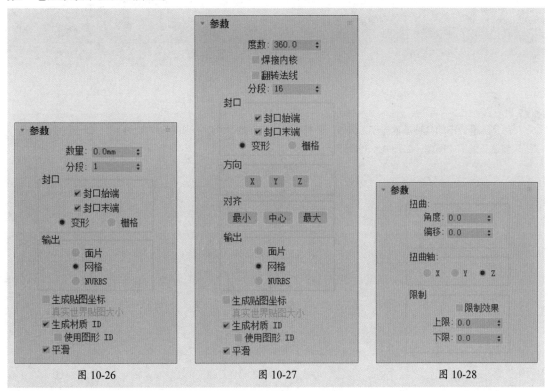

图 10-26　　　　　　　图 10-27　　　　　　　图 10-28

4. "晶格"修改器

"晶格"修改器可以将图形的线段或边转换为圆柱形结构，并在顶点上产生可选的关节多变体。其"参数"卷展栏如图10-29所示。

5. FFD 修改器

FFD修改器是对网格对象进行变形修改的最主要的修改器之一，其特点是通过控制点的移动带动网格对象表面产生平滑一致的变形。"FFD参数"卷展栏如图10-30所示。

6. "细化"修改器

"细化"修改器会对当前选择的曲面进行细分，常用于曲面体渲染，可为其他修改器创建附加的网格分辨率。其"参数"卷展栏如图10-31所示。

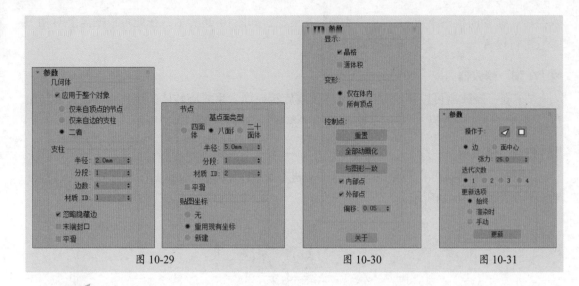

图 10-29 图 10-30 图 10-31

操作提示

除了上面介绍的几种基本建模工具外，还有一种建模工具很常用，那就是样条线建模，即通过各种样条线来创建三维实体模型，如图10-32所示。

图 10-32

10.2 材质与灯光

模型创建好后，为了模拟真实的场景效果，需为模型赋予材质和灯光。下面将对一些常用的材质类型、贴图类型、灯光类型以及灯光参数的相关知识进行介绍。

10.2.1 案例解析：创建木质材质

本案例将利用软件自带的标准材质创建木质材质。

步骤 01 打开素材场景，如图10-33所示。

步骤 02 按M键打开材质编辑器，选择一个空白材质，将其设置为标准材质，在"贴图"卷展栏中为漫反射颜色通道和凹凸通道添加位图贴图，再将漫反射颜色通道的贴图实例复制到反射通道，并设置反射值和凹凸值，如图10-34所示。

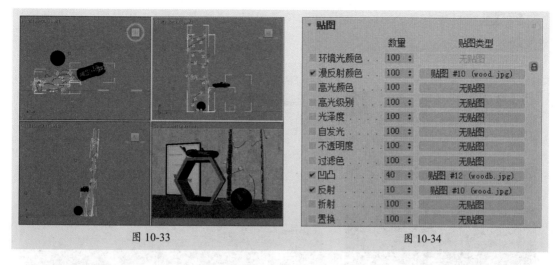

图 10-33 图 10-34

步骤 03 漫反射颜色通道和凹凸通道所添加的位图贴图分别如图10-35和图10-36所示。

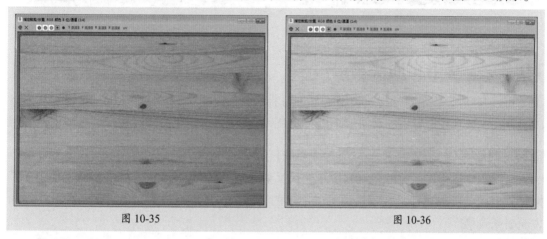

图 10-35 图 10-36

步骤 04 进入位图贴图的"坐标"卷展栏，取消勾选"使用真实世界比例"复选框，再设置"瓷砖"平铺参数，如图10-37所示。

步骤 05 在"Blinn基本参数"卷展栏中设置反射高光参数，如图10-38所示。

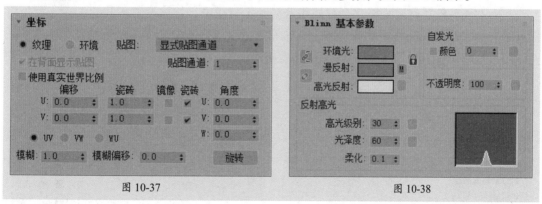

图 10-37 图 10-38

步骤 06 设置好的材质球预览效果如图10-39所示。

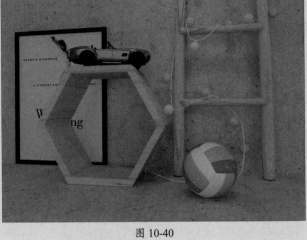

步骤 07 将材质指定给场景中的框架和梯子模型，并为其添加UVW贴图，渲染场景，效果如图10-40所示。

图 10-39   图 10-40

10.2.2 常用材质类型

3ds Max中提供了11种材质类型，每种材质都有相应的功能，如默认的"标准"材质可以表现大多数真实世界中的材质。下面将对几种常用的材质类型进行介绍。

1. 标准材质

在现实生活中，对象的外观取决于它的反射光线。在3ds Max中，标准材质主要用于模拟对象表面的反射属性，在不适用特殊图形的情况下，标准材质为对象提供了单一均匀的表面颜色效果。

使用标准材质时可以选择各种明暗器，为各种反射表面设置颜色以及使用贴图通道等，这些设置都可以在卷展栏中进行，如图10-41所示。

2. 多维/子对象材质

"多维/子对象"材质是将多个材质组合到一个材质中，物体设置不同的ID后，材质将根据对应的ID号赋予到指定物体区域上，该材质常被应用于包含许多贴图的复杂物体上。在使用多维/子对象后，参数卷展栏如图10-42所示。

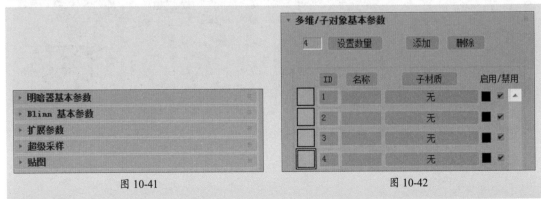

图 10-41   图 10-42

3. 混合材质

混合材质是指在曲面的单个面上将两种材质进行混合。通过设置"混合量"参数来控制材质的混合程度，能够实现两种材质之间的无缝混合，常用于制作诸如花纹玻璃、烫金玻璃等材质表现。

混合材质将两种材质以百分比的形式混合在曲面的单个面上，通过不同的融合度，控制两种材质表现的强度，另外还可以指定一张图作为融合的蒙版，利用蒙版本身的明暗度来决定两种材质融合的程度，设置混合发生的位置和效果，其参数卷展栏如图10-43所示。

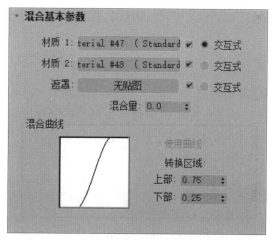

图 10-43

10.2.3　常用贴图类型

材质中的贴图用于模拟材质的纹理图案、反射、折射等真实效果。依靠各种类型的贴图可以制作出千变万化的材质。3ds Max中有三十多种贴图，在不同的贴图通道中使用不同的贴图类型，产生的效果也大不相同。

1. 位图贴图

位图贴图是用一张位图图像作为贴图，是所有贴图类型中最常用的贴图，可以用来创建多种材质。它可以支持各种类型的图像和动画格式，包括AVI、BMP、CIN、JPG、TIF、TGA等。在位图贴图的参数卷展栏中，可以直接设置纹理的显示方式以及输出效果，较为常用的参数卷展栏如图10-44所示。

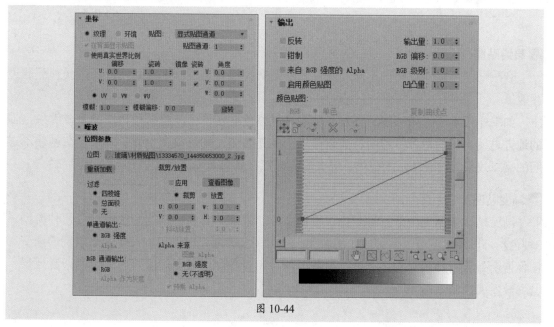

图 10-44

2. 平铺贴图

平铺贴图可以使用颜色或材质贴图创建瓷砖或其他平铺材质。在"标准控制"卷展栏中有的预设类型列表中列出了一些已定义的建筑砖图案，用户也可以自定义图案，设置砖块的颜色、尺寸以及砖缝的颜色、尺寸等。其参数卷展栏如图10-45所示。

3. 噪波贴图

噪波贴图可以通过两种颜色的随机混合，产生随机的噪波波纹纹理，是使用比较频繁的一种贴图，常用于无序贴图效果的制作，如水波纹、草地、墙面、毛巾等。其参数卷展栏如图10-46所示。

4. 棋盘格贴图

棋盘格贴图类似国际象棋的棋盘，可以产生两色方格交错的图案，也可以自定义其他颜色或贴图。通过嵌套棋盘格贴图，可以产生多彩的方格图案效果，常用于制作一些格状纹理，或者砖墙、地板砖和瓷砖等有序的纹理。通过设置棋盘格贴图的噪波参数，可以在原有的棋盘图案上创建不规则的干扰效果，其参数卷展栏如图10-47所示。

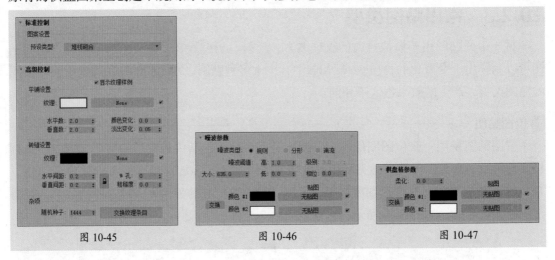

图 10-45   图 10-46   图 10-47

5. 衰减贴图

衰减贴图可以通过两种不同的颜色或贴图来模拟对象表面由深到浅或者由浅到深的过渡效果。

如果作用于不透明贴图、自发光贴图和过滤色贴图，会产生一种透明的衰减效果，强的地方透明，弱的地方不透明；如果作用于发光贴图，则可以产生光晕效果。在创建不透明的衰减效果时，衰减贴图提供了更大的灵活性，其参数卷展栏如图10-48所示。

6. 渐变贴图

渐变贴图依据上中下三种颜色，可扩展性非常强，有线性渐变和径向渐变两种类型，3种色彩可以随意调节，其区域比例的大小也可调节，通过贴图可以产生无限级别的渐变和图像嵌套效果。贴图自身还有噪波参数可调，用于控制区域之间融合时产生的杂乱效果，其参数卷展栏如图10-49所示。

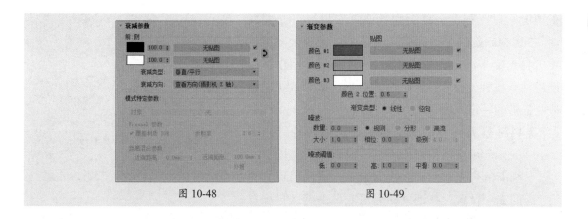

图 10-48   图 10-49

10.2.4　3ds Max光源系统

3ds Max为用户提供了两种类型的灯光：标准灯光和光度学灯光。两种灯光的使用方法不同，模拟光源的效果也不同。

1. 标准灯光

标准灯光是基于电脑的模拟灯光对象，如家用或办公室灯、舞台和电影工作时使用的灯光设备和太阳光本身。不同类型的灯光对象可用不同的方法投影灯光，模拟不同种类的光源，如图10-50所示。

图 10-50

- **聚光灯**：包括目标聚光灯和自由聚光灯两种。它们的共同点都是带有光束的光源，但目标聚光灯有目标对象，而自由聚光灯没有目标对象。
- **平行光**：当太阳在地球表面投影时，所有平行光以一个方向投影平行光线。平行光主要用于模拟太阳在地球表面投射的光线，即以一个方向投射的平行光。

平行光包括目标平行光和自由平行光两种，光束有圆柱体和方形两种。平行光的发光点和照射点大小相同，该灯光主要用于模拟太阳光的光束、激光光束等。自由平行光和目标平行光的用处相同，常用在动画制作中。

- **泛光灯**：属于点状光源，从一点光源向各个方向均匀地发散光线，可以照亮整个场景，常用来制作灯泡灯光、蜡烛光等，是比较实用的灯光。在场景中创建多个泛光灯，调整其色调和位置，可以使场景具有明暗层次。泛光灯不善于凸显主题，所以通常作为补光来模拟环境光的漫反射效果。
- **天光**：是一种用于模拟日光照射效果的灯光，可以从四面八方同时向物体投射光线，得到类似穹顶灯光一样的柔和阴影。天光比较适用于模拟室外照明或者表现模型，也可以设置天空的颜色或将其指定为贴图，对天空建模作为场景上方的圆屋顶。

2. 光度学灯光

光度学灯光就像真实世界中的灯光一样，可以利用光度学值更精确地定义，如设置分布情况、灯光强度、色温和其他真实世界灯光的属性。3ds Max提供了目标灯光、自由灯光和太阳定位器三种光度学灯光类型，如图10-51所示。用户可以创建具有各种分布和颜色特性的灯光，或导入照明制造商提供的特定光度学文件。

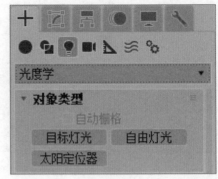

图 10-51

- **目标灯光**：效果图制作中常用的一种灯光类型，常用来模拟制作射灯、筒灯等，可以增大画面的灯光层次。在视口中单击确认目标灯光的光源位置，移动鼠标后再次单击确认目标点即可创建一盏目标灯光。
- **自由灯光**：与目标灯光相似，唯一的区别就在于自由灯光没有目标点，它的参数和目标灯光相同，创建方法也非常简单，在任意视图中单击鼠标左键，即可创建自由灯光。
- **太阳定位器**：通过设置太阳的距离、日期和时间、气候等参数来模拟现实生活中真实的太阳光照。

10.2.5 设置3ds Max灯光参数

在创建灯光后，环境中的部分物体会随着灯光而进行显示，在参数卷展栏中调整灯光的各项参数，即可达到理想效果。

1. 灯光强度、颜色与衰减

在标准灯光的"强度/颜色/衰减"卷展栏中，可以对灯光的基本属性进行设置，如图10-52所示。

- **倍增**：该参数可以将灯光功率放大一个正或负的量。单击颜色色块，可以设置灯光发射光线的颜色。
- **衰退**：该选项组提供了使远处灯光强度减小的方法，包括倒数和平方反比两种方法。
- **近距衰减**：该选项组提供了控制灯光强度淡入的参数。
- **远距衰减**：该选项组提供了控制灯光强度淡出的参数。

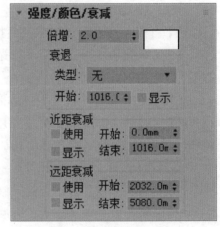

图 10-52

2. 光度学灯光的分布

光度学灯光提供了4种不同的分布方式，用于描述光源发射光线的方向。在"常规参数"卷展栏中可以选择不同的灯光分布方式，如图10-53所示。

（1）统一球形

统一球形分布可以在各个方向均等地分布光线。图10-54所示为等向分布的效果。

图 10-53　　　　　　　　　　　图 10-54

（2）统一漫反射

统一漫反射分布可以从曲面发射光线，以正确的角度保持曲面上的灯光强度最大。倾斜角越大，发射灯光的强度越弱。图10-55所示为漫反射分布的效果。

（3）聚光灯

聚光灯分布像闪光灯一样投影聚焦的光束，就像在剧院舞台或槌灯下的聚光区。灯光的光束角度控制光束的主强度，区域角度控制光在主光束之外的"散落"。图10-56所示为聚光灯分布的效果。

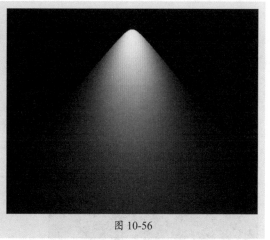

图 10-55　　　　　　　　　　　　　　　　　图 10-56

操作提示

　　由于灯光始终指向其目标，因此不能沿着其局部X轴或Y轴进行旋转。但是，可以选择并移动目标对象以及灯光本身。当移动灯光或目标时，灯光的方向会改变。

（4）光度学Web

光度学Web分布是以3D的形式表示灯光的强度，通过该方式可以调用光域网文件，产生异形的灯光强度分布效果，如图10-57所示。

当选择"光度学Web"分布方式时，在相应的卷展栏中可以选择光域网文件并预览灯光的强度分布图，如图10-58所示。

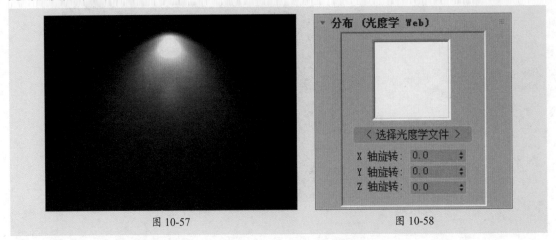

图 10-57　　　　　　　　　　　　　　图 10-58

3. 光域网

光域网是灯光的一种物理性质，确定光在空气中发散的方式。不同的灯光在空气中的发散方式是不一样的，比如手电筒，它会发出一个光束；还有壁灯、台灯等，它们发散出的光又是另外一种形状。

在3ds Max中，也可以将光域网理解为灯光贴图。如果给灯光指定一个光域网文件，就可以产生与现实生活相同的发散效果，使场景渲染出的灯光效果更为真实，层次更明显，效果更好，如图10-59所示。

使用光域网的前提是灯光分布（类型）为"光度学Web"，在"分布（光度学Web）"卷展栏中单击"选择光度学文件"按钮，会弹出"打开光域Web文件"对话框，从中选择合适的光域网文件即可，如图10-60所示。

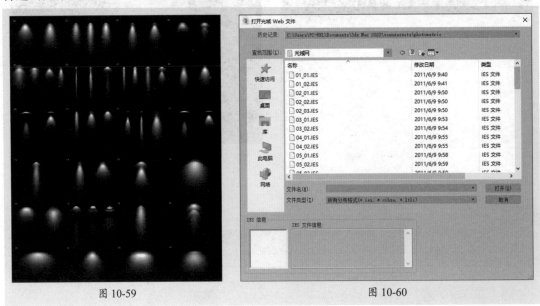

图 10-59　　　　　　　　　　　　　　图 10-60

4. 光度学灯光的形状

光度学灯光不仅可以设置灯光的分布方式，还可以设置发射光线的形状。目标灯光和自由灯光两种灯光类型可以切换光线形状。确定灯光为选择状态，在"图形/区域阴影"卷展栏中可以设置灯光形状，其中包括点光源、线、矩形、圆形、球体和圆柱体6个选项。

（1）点光源

点光源是光度学灯光中默认的灯光形状，如图10-61所示。使用点光源时，灯光与泛光灯的照射方法相同，对整体环境进行照明。

（2）线

使用"线"灯光形状时，光线会从线处向外发射光线，这种灯光类似于真实世界中的荧光灯管效果。在视图中创建目标灯光后，确定灯光为选中状态，打开"修改"面板，拖动页面至"图形/区域阴影"卷展栏，单击"线"选项，此时视图中的灯光会发生更改，如图10-62所示。

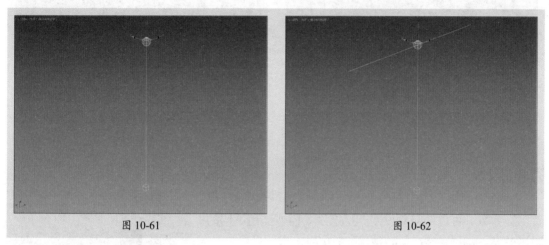

图 10-61   图 10-62

（3）矩形

矩形灯光形状是从矩形区域向外发射光线，设置形状为矩形后，下方会出现长度和宽度选项，在其中可以设置矩形的长和宽，设置完成后的视图灯光形状如图10-63所示。

（4）圆形

设置圆形灯光形状后，灯光会从圆形向外发射光线，在"从（图形）发射光线"卷展栏中可以设置圆形形状的半径。圆形灯光形状如图10-64所示。

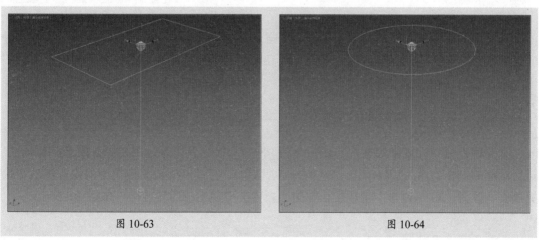

图 10-63   图 10-64

（5）球体

和其他灯光形状相同，灯光会从球体的表面向外发射光线，在卷展栏中可以设置球体的半径，设置完成后灯光会更改为球状，如图10-65所示。

（6）圆柱体

设置该灯光形状后，灯光会从圆柱体表面向外发射光线，在"参数"卷展栏中可以设置圆柱体的长度和半径，设置完成后，视图中的灯光形状如图10-66所示。

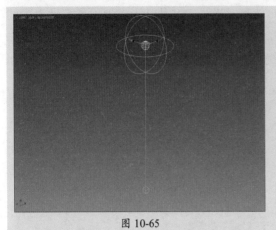

图 10-65   图 10-66

5. 阴影设置

所有标准灯光类型都具有相同的阴影参数，通过设置阴影参数，可以使对象投影产生密度不同或颜色不同的阴影效果。"阴影参数"卷展栏如图10-67所示。

（1）阴影贴图

阴影贴图是最常用的阴影生成方式，它能产生柔和的阴影，且渲染速度快。阴影贴图的不足之处是会占用大量的内存，并且不支持使用透明度或不透明度贴图的对象。使用阴影贴图后，会出现相应的参数卷展栏，如图10-68所示。

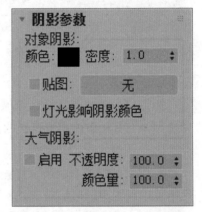

图 10-67

（2）区域阴影

现实中的阴影随着距离的增加边缘会变得越来越模糊，使用区域阴影就可以得到这种效果。该阴影类型的缺点是渲染速度慢，动画中的每一帧都需要重新处理。使用"区域阴影"后，会出现相应的参数卷展栏，在卷展栏中可以选择产生阴影的灯光类型并设置阴影参数，如图10-69所示。

（3）VRay阴影

在室内外场景的渲染过程中，通常是将3ds Max的灯光设置为主光源，配合VRay阴影进行画面的制作，因为VRay阴影产生的模糊阴影的计算速度要比其他类型的阴影速度更快更逼真。选择"VRay阴影"选项后，参数面板中会出现相应的卷展栏，如图10-70所示。

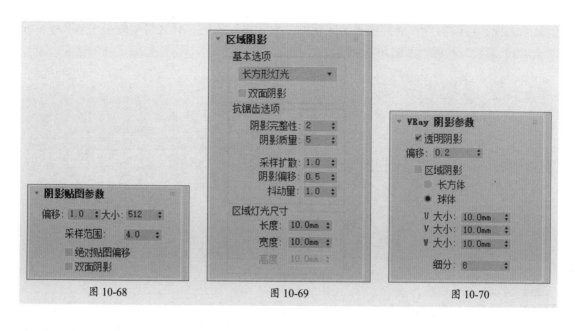

图 10-68   图 10-69   图 10-70

10.2.6　VRay光源系统

VRay渲染器除了支持3ds Max的默认灯光类型之外，还提供了VRay渲染器专属的灯光，如VRay灯光、VRayIES和VRay太阳。VR灯光可以模拟任何灯光环境，使用起来比3ds Max默认的灯光更为简便，渲染效果更逼真。

1. VR 灯光（VRayLight）

VRay灯光是"VRay渲染器"自带的灯光之一，使用频率比较高。默认的光源形状为具有光源指向的矩形光源，如图10-71所示，其参数卷展栏如图10-72所示。

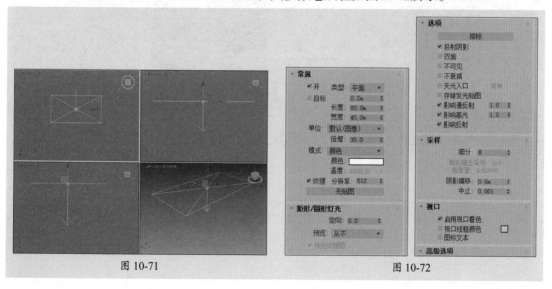

图 10-71   图 10-72

2. VRayIES

VRayIES是室内设计中常用的灯光，效果如图10-73所示。VRayIES是VRay渲染器提供用于添加IES光域网文件的光源。在渲染过程中，光源的照明会按照选择的光域网文件中的信息来表现，可以实现普通照明无法实现的散射、多层反射、日光灯等效果。"VRay光域网（IES）参数"卷展栏如图10-74所示。

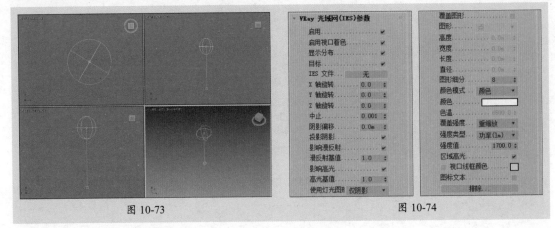

图 10-73   图 10-74

3. VRay 太阳（VRaySun）

VRay太阳可以模拟物理世界里真实的阳光效果，阳光的变化会随着VRay太阳位置的变化而变化。创建VRay太阳时，会自动弹出添加环境贴图提示框，如图10-75所示。"VRay太阳参数"卷展栏如图10-76所示。

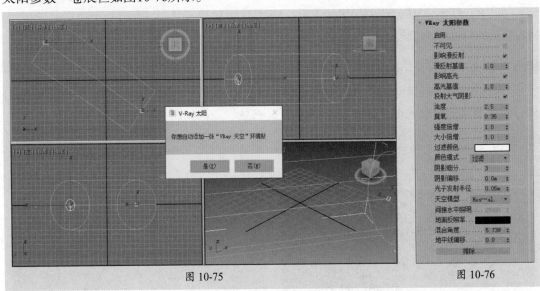

图 10-75   图 10-76

学 习 心 得

10.3 场景渲染

场景中的模型、材质、灯光创建后，接下来就可以对场景进行渲染了。下面将结合VRay渲染器的相关知识来对渲染操作进行介绍。

10.3.1 案例解析：对局部场景进行渲染

下面利用局部渲染功能来对书房场景进行快速渲染。

步骤 01 打开素材场景，如图10-77所示。

步骤 02 按F10键打开"渲染设置"面板，在"帧缓冲区"卷展栏中勾选"启用内置帧缓冲区"复选框，如图10-78所示。

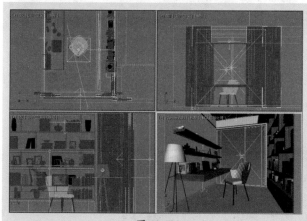

图 10-77　　　　　　　　　　　　　　　　图 10-78

步骤 03 按F8键渲染摄影机视口，如图10-79所示。

步骤 04 创建一个VRay球体灯光，设置参数后移动到落地灯灯罩内，如图10-80所示。

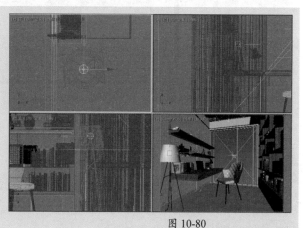

图 10-79　　　　　　　　　　　　　　　　图 10-80

步骤 05 在渲染帧窗口中单击"区域渲染"按钮，然后在窗口中按住鼠标左键拖出一个矩形框，作为要局部渲染的区域，如图10-81所示。

步骤 06 按F8键渲染摄影机视口，在渲染帧窗口中可以看到系统仅渲染矩形框内的区域，如图10-82所示。

图 10-81　　　　　　　　　　　　　　　　图 10-82

步骤 07 确定渲染效果符合预期，在渲染帧窗口中再单击取消"区域渲染"按钮，重新渲染场景，可以看到最终效果，如图10-83所示。

图 10-83

10.3.2　创建摄影机

通过摄影机可以以特定的观察点来表现场景，模拟真实世界中的静止图像、运动图像或视频，并能够制作某些特殊的效果，如景深和运动模糊等。3ds Max提供了物理摄影机、目标摄影机和自由摄影机三种类型。

物理摄影机： 可模拟用户熟悉的真实的摄影机设置，例如快门速度、光圈、景深和曝光。借助增强的控件和额外的视口内反馈，让创建逼真的图像和动画变得更加容易。

目标摄影机： 用于观察目标点附近的场景内容，它由摄影机、目标点两部分组成，可以很容易地单独进行控制调整，并分别设置动画。

自由摄影机：在摄影机指向的方向查看区域，与目标摄影机非常相似，不同的是自由摄影机比目标摄影机少了一个目标点。自由摄影机由单个图标表示，可以更轻松地设置摄影机动画。

用户可以通过多种方法创建摄影机，并能够使用移动和旋转工具对摄影机进行移动和定向操作，同时可用备用的各种镜头参数来控制摄影机的观察范围和效果。图10-84所示为设置物理摄影机的景深参数。

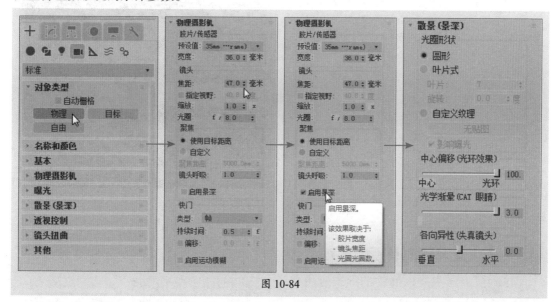

图 10-84

场景中只有一个摄影机时，按C快捷键，视图将会自动转换为摄影机视图；如果场景中有多个摄影机，按C快捷键，系统将会弹出"选择摄影机"对话框，用户从中选择需要的摄影机即可，如图10-85所示。

操作提示

安装了VRay渲染器后，系统会新增一个VRay摄影机，有VRay穹顶摄影机和VRay物理摄影机两种类型。其中，VRay穹顶摄影机通常被用于渲染半球圆顶效果。而VRay物理摄影机能模拟真实成像，轻松地调节透视关系。如果灯光不够亮，修改VRay摄影机的部分参数就能提高画面质量，不用重新修改灯光的亮度。

图 10-85

10.3.3 了解渲染器

通过设置渲染器的参数，可以将创建的灯光、所应用的材质及环境设置（如背景和大气）产生的场景，呈现为最终的画面效果。渲染器的类型很多，3ds Max自带了多种渲染器，包括默认扫描线渲染器、Arnold渲染器、ART渲染器、Quicksilver硬件渲染器和VUE文件渲染器，如图10-86所示。除此之外还有就很多外置的渲染器插件，比如VRay渲染器。

3ds Max的主工具栏中提供了多个渲染工具，以便用于设置渲染参数、渲染场景并查看渲染效果，如图10-87所示。

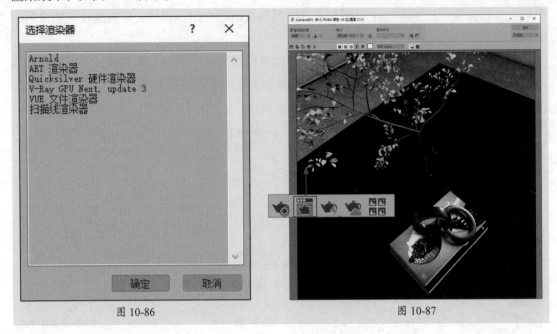

图 10-86 　　　　　　　　　　　　　图 10-87

10.3.4 了解VRay渲染器

　　VRay渲染器主要以插件的形式应用在
3ds Max、Maya、SketchUp等软件中。该渲
染器的渲染速度快、渲染质量高的特点已被
大多数行业设计师所认同。VRay渲染器设
置面板主要包括公用、V-Ray、GI、设置和
Render Elements共5个选项卡，如图10-88所示。

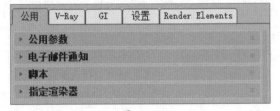

图 10-88

1. 公用

　　该选项卡中的参数适用于所有渲染器，分为"公用参数""电子邮件通知""脚本""指
定渲染器"四个卷展栏，主要包括单帧/多帧渲染、图像大小、图像输出和指定渲染器等基
本功能，如图10-89所示。

2. V-Ray

　　该选项卡包括"帧缓冲区""全局开关""交互式产品级渲染选项""图像采样器（抗锯
齿）""图像过滤器""全局确定性蒙特卡洛""环境""颜色贴图""摄影机"等选项参数，
主要用于设置全局参数、抗锯齿、图像过滤、模糊计算、场景曝光等。

　　（1）帧缓冲区：该卷展栏中的参数可以代替3ds Max自身的帧缓冲窗口。这里可以设置
渲染图像的大小，以及保存渲染图像等，其参数卷展栏如图10-90所示。

　　（2）全局开关：该卷展栏中的参数主要用来对场景中的灯光、材质、置换等进行全
局设置，比如是否使用默认灯光、是否开启阴影、是否开启模糊等。在新版本中，"全局
开关"卷展栏分为基本模式、高级模式、专家模式三种，而专家模式的卷展栏参数是最全

的，如图10-91所示。

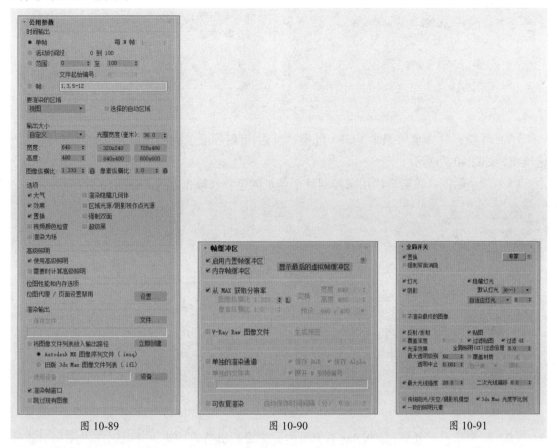

图 10-89   图 10-90   图 10-91

（3）交互式产品级渲染选项：该卷展栏可以设置使用新的视口IPR，边调整边渲染，渲染速度更快，如图10-92所示。

（4）图像采样器（抗锯齿）：抗锯齿在渲染设置中是一个必须调整的参数，其数值的大小决定了图像的渲染精度和渲染时间，但抗锯齿与全局照明精度的高低没有关系，只作用于场景物体的图像和物体的边缘精度。其参数卷展栏如图10-93所示。

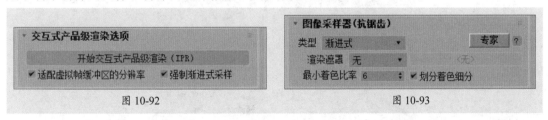

图 10-92   图 10-93

（5）图像过滤器：在该卷展栏中可以对抗锯齿的过滤方式进行选择，VRay渲染器提供了多种抗锯齿过滤器，主要针对贴图纹理或图像边缘进行平滑处理，选择不同的过滤器就会显示该过滤器的相关参数及过滤效果，如图10-94所示。

（6）全局确定性蒙特卡洛：全局DMC也就是以往老版本面板中的全局确定性蒙特卡洛，该卷展栏可以说是VRay的核心，贯穿于VRay的每一种模糊计算，包括抗锯齿、景深、间接照明、面积灯光、模糊反射/折射、半透明、运动模糊等，如图10-95所示。

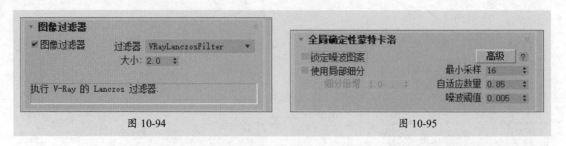

图 10-94　　　　　　　　　　　　　　图 10-95

（7）环境：分为全局照明（GI）环境、反射/折射环境、折射环境、二次无光环境4个选项组，如图10-96所示。

（8）颜色贴图：该卷展栏用来控制整个场景的色彩和曝光方式，如图10-97所示。

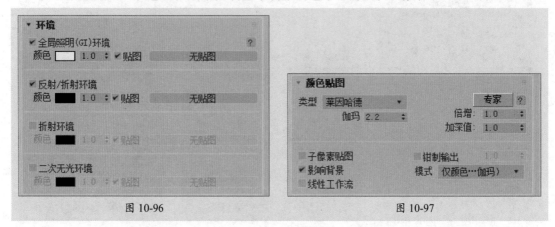

图 10-96　　　　　　　　　　　　　　图 10-97

（9）摄影机：该卷展栏是VRay系统里的一个摄影机特效功能，可以制作景深和运动模糊等效果，如图10-98所示。

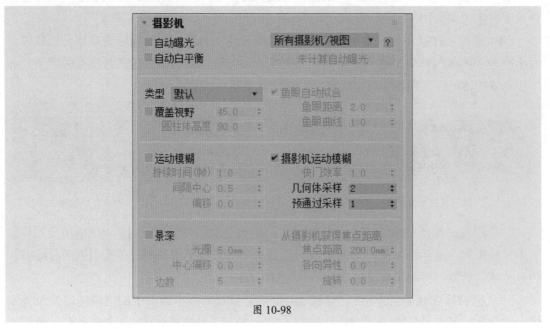

图 10-98

3. **GI**

GI可以理解为间接照明，该选项卡根据漫反射反弹的计算方法来显示不同的卷展栏。常用的是"全局照明"卷展栏、"发光贴图"卷展栏以及"灯光缓存"卷展栏，如图10-99所示。

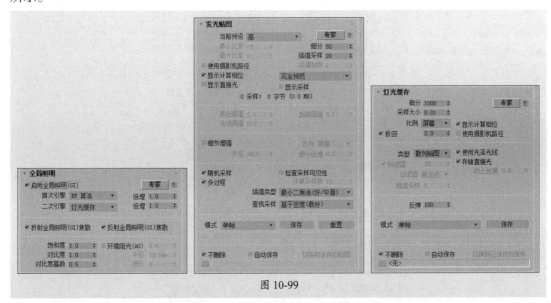

图 10-99

（1）全局照明：该卷展栏是VRay的核心部分。在修改VRay渲染器时，首先要开启全局照明，这样才能出现真实的渲染效果。开启GI后，光线会在物体之间反弹，因此光线计算得会更准确，图像也更加真实。

（2）发光贴图：在VRay渲染器中，发光贴图是计算场景中物体的漫反射表面发光时采取的一种有效的方法。发光贴图是一种常用的全局照明引擎，它只存在于首次反弹引擎中，因此在计算GI的时候，并不是场景的每个部分都需要同样的细节表现，它会自动判断在重要的部分进行更加准确的计算，在不重要的部分进行粗略的计算。

（3）灯光缓存：缓存与发光贴图比较相似，只是光线相反，发光贴图的光线追踪方向是从光源发射到场景的模型中，最后再反弹到摄影机，而灯光缓存是从摄影机开始追踪光线到光源，摄影机追踪光线的数量就是灯光缓存的最后精度。

4. **设置**

该选项卡中包含6个卷展栏，分别是"授权""关于V-Ray""默认置换""系统""平铺纹理选项"以及"代理预存缓存"。

（1）授权：主要呈现VRay的注册信息，以及注册文件的存储路径。

（2）关于V-Ray：主要显示关于VRay的官方网站地址、渲染器的版本等内容。

（3）默认置换：用灰度贴图来实现物体表面的凸凹效果，它对材质中的置换起作用，而不作用于物体表面。其参数卷展栏如图10-100所示。

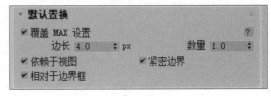

图 10-100

（4）系统：该参数卷展栏会影响渲染速度、渲染的显示和提示功能，同时可以完成联机渲染，如图10-101所示。

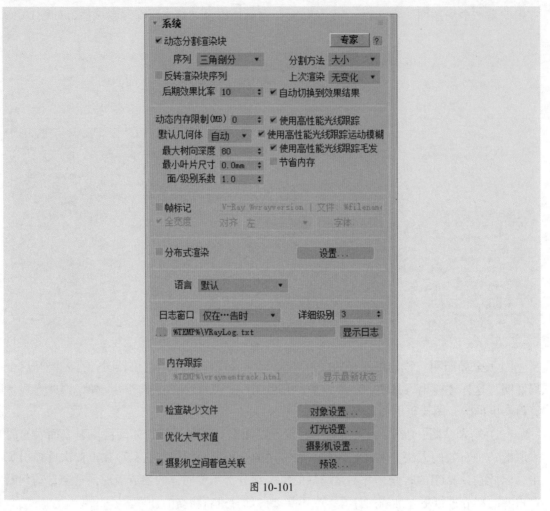

图 10-101

5. Render Elements

该选项卡中仅有一个"渲染元素"卷展栏，通过添加渲染元素，可以针对某一级别单独进行渲染，并在后期进行调节、合成、处理，非常方便。

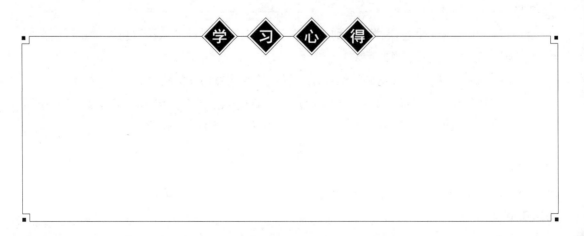

课堂实战 为书房场景布光

下面将利用本章所学的灯光知识为书房空间布置各类灯光。

步骤 01 打开准备好的书房场景文件，如图10-102所示。

步骤 02 渲染摄影机视口，可以看到书房的光线比较暗，如图10-103所示。

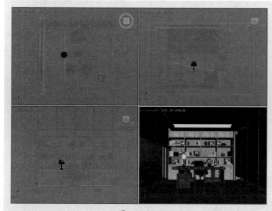

图 10-102

图 10-103

步骤 03 在顶视图中创建一盏VRay灯光，调整灯光位置到吊顶灯槽里，如图10-104所示。

图 10-104

步骤 04 按住Shift键拖动灯光进行实例复制，调整灯光位置，并使用缩放工具调整长度，如图10-105所示。

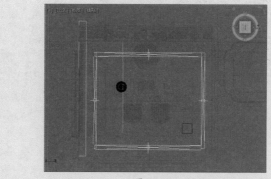

图 10-105

步骤 05 渲染摄影机视口，效果如图10-106所示，可以看到灯光过亮。

步骤 06 选中创建的灯光，在参数面板中调整灯光参数，如图10-107所示。

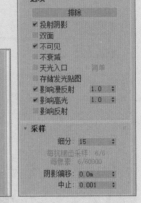

图 10-106　　　　　　　　图 10-107

步骤 07 在参数面板中设置灯光的颜色，如图10-108所示。

步骤 08 再次渲染摄影机视口，效果如图10-109所示。

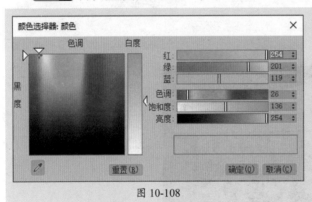

图 10-108　　　　　　　　图 10-109

步骤 09 复制灯光到书柜槽，旋转灯光方向，调整灯光的尺寸、强度等参数，如图10-110所示。

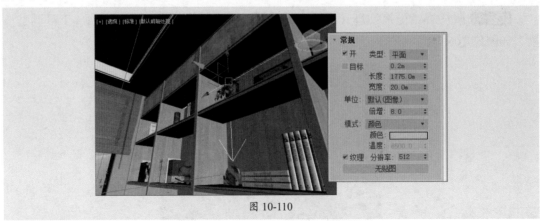

图 10-110

步骤 10 复制灯光，调整灯光位置，如图10-111所示。

步骤 11 渲染摄影机视口，效果如图10-112所示。

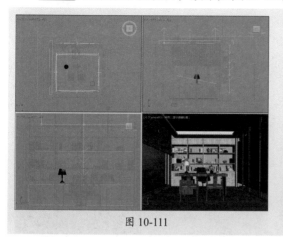
图 10-111

图 10-112

步骤 12 在顶视图中创建VRay灯光，设置灯光类型为"球体"，并调整到合适的位置，如图10-113所示。

步骤 13 渲染场景效果，如图10-114所示。

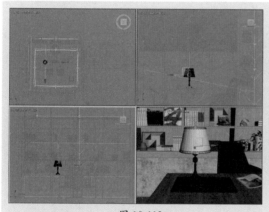
图 10-113

图 10-114

步骤 14 在参数面板中调整灯光参数，如图10-115所示。

步骤 15 灯光颜色设置如图10-116所示。

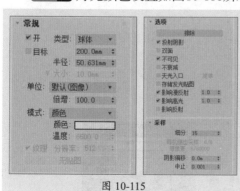
图 10-115

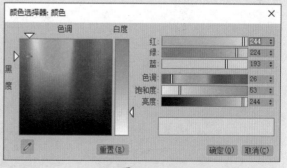
图 10-116

步骤 16 再次渲染摄影机视口，效果如图10-117所示，这时的光源效果较为柔和。

步骤 17 在顶视图中创建一盏目标平行光,并通过多个视图调整平行光射入角度,如图10-118所示。

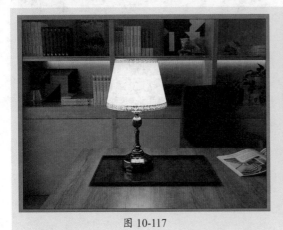

图 10-117

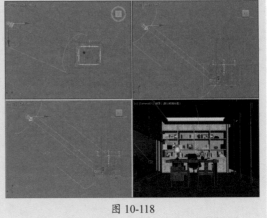

图 10-118

步骤 18 在"常规参数"卷展栏中启用"阴影",设置阴影类型为"VRay阴影",如图10-119所示。

步骤 19 在"强度/颜色/衰减"卷展栏中设置光源强度、颜色参数,如图10-120所示。

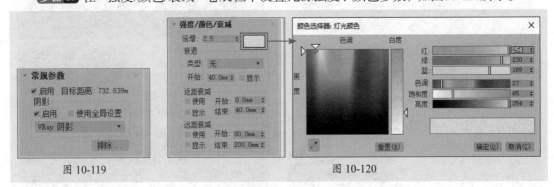

图 10-119   图 10-120

步骤 20 在"VRay阴影参数"卷展栏勾选"区域阴影"复选框,并设置阴影的大小和细分参数,如图10-121所示。

步骤 21 在视图中创建一个"VRay灯光"并调整其位置,用来模拟室外环境光对室内的影响,如图10-122所示。

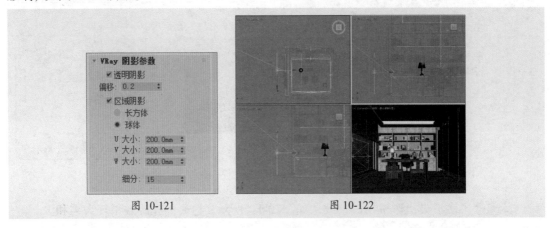

图 10-121   图 10-122

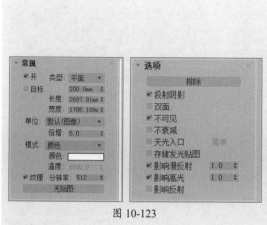

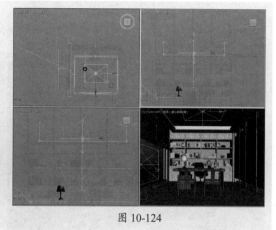

步骤 22 灯光的参数设置如图10-123所示。

步骤 23 在顶视图中创建一个VRay灯光并调整位置，设置灯光强度为4，作为室内补光，如图10-124所示。

图 10-123　　　　　　　　　　　图 10-124

步骤 24 再次渲染摄影机视口，最终效果如图10-125所示。

图 10-125

学 习 心 得

课后练习 创建白模材质效果

本实例将利用VRay纹理贴图功能来创建白模材质，效果如图10-126所示。

图 10-126

1. 技术要点

步骤 01 在"基本参数"卷展栏中设置参数。

步骤 02 在"VRay边纹理参数"卷展栏中设置参数。

步骤 03 在"全局开关"卷展栏中设置置换、灯光、材质等参数。

2. 分步演示

本案例的分步演示效果如图10-127所示。

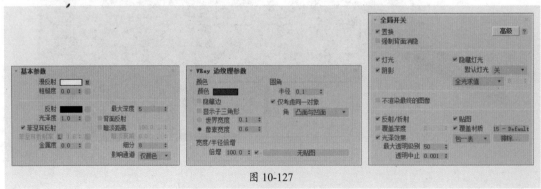

图 10-127

让小居室拥有大空间

图10-128所示为一套一居室的原始平面图。实际套内面积为31平方米，户型层高为2.95米。居室成员有四人：一对夫妻和一对双胞胎女儿。该居室是夫妻俩的婚房，随着孩子的出生，二人世界变成了四口之家，整个居室就显得非常拥挤。

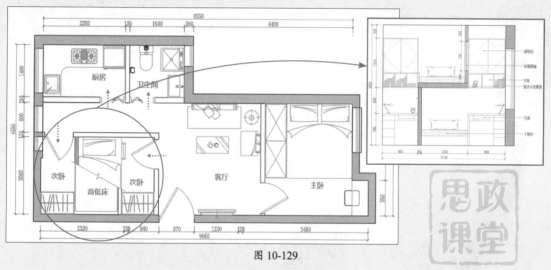

图 10-128

根据业主的需求，对平面布局进行了调整，结果如图10-129所示。

图 10-129

由于居室面积的限制，要完全分割出两个独立的卧室空间是不可能的。考虑到本户型层高较高，可利用隔墙做出上下铺。靠窗房间使用下铺，另一空间在上铺墙上做玻璃窗，便于采光。两个小空间各自还可以靠墙做组合书架，兼书桌、书架、储物柜等功能。这样一来，两个女儿都可以拥有自己独立的空间。

增加了次卧后，客厅空间相对比较小。可以适当地缩小主卧空间，以增加客厅空间，让客厅兼作餐厅。在主卧中做榻榻米与衣柜合为一体，可增加储物空间。

要解决厨卫同门的问题，只需将卫生间门洞移至过道墙体上，与厨房门并排摆放即可。

参考文献

[1] CAD/CAM/CAE技术联盟. AutoCAD 2014室内装潢设计自学视频教程[M]. 北京：清华大学出版社，2014.

[2] CAD辅助设计教育研究室. 中文版AutoCAD 2014建筑设计实战从入门到精通[M]. 北京：人民邮电出版社，2015.

[3] 姜洪侠，张楠楠. Photoshop CC图形图像处理标准教程[M]. 北京：人民邮电出版社，2016.